新型智算数据机房建造技术

余少乐　曹　浩　陈　华　李延佩　编著

中国建筑工业出版社

图书在版编目（CIP）数据

新型智算数据机房建造技术 / 余少乐等编著.
北京：中国建筑工业出版社，2024. 12. -- ISBN 978-7-112-30284-0

Ⅰ. TU244.5

中国国家版本馆 CIP 数据核字第 2024Y8483H 号

　　本书共分为 5 篇 20 章，详细阐述了新型智算数据机房的建造技术，包括：数据机房系统设计要点，数据机房施工管控要点，自定义坐标系测量技术，数据机房桩基施工技术，数据机房模板安装加固施工技术，数据机房脚手架拉结施工技术，装配式机房设备管道递推施工技术，数据机房墙面施工技术，数据机房顶面施工技术，数据机房地面施工技术，自然冷源应用技术，模块化机房设计技术，可再生能源利用技术，地板下送风与顶部送风冷却技术，BIM 深化、优化设计，BIM 协同施工，BIM 集成应用，屏蔽数据机房施工技术，电源专业新技术，智慧园区新技术。内容翔实，具有较强的指导性，可供行业从业人员参考使用。

　　责任编辑：王砾瑶　季　帆
　　责任校对：张惠雯

新型智算数据机房建造技术

余少乐　曹　浩　陈　华　李延佩　编著
*
中国建筑工业出版社出版、发行（北京海淀三里河路 9 号）
各地新华书店、建筑书店经销
北京科地亚盟排版公司制版
建工社（河北）印刷有限公司印刷
*
开本：787 毫米×1092 毫米　1/16　印张：7¾　字数：155 千字
2025 年 6 月第一版　　2025 年 6 月第一次印刷
定价：**48.00** 元
ISBN 978-7-112-30284-0
（43688）

　　以数字技术为核心驱动的第四次工业革命正在给人类生产生活带来深刻变革，数据中心作为承载各类数字技术应用的物理底座，其产业赋能价值正在逐步凸显。国际方面，世界主要国家均在积极引导数据中心产业发展，数据中心市场规模不断扩大，投资并购活跃，竞争日益激烈。国内方面，"新基建"的发展及"十四五"规划中数字中国建设目标的提出，为我国数字基础设施建设提供了重要指导，我国数据中心产业发展步入新阶段，数据中心规模稳步提升，低碳高质、协同发展的格局正在逐步形成。

　　经过 20 年的发展演进，国内数据中心产业发展进入了新的转型阶段。数字经济、"东数西算""双碳"、算力、AI 等多元素影响下，数据中心产业发展呈现出"三体三化四样"的时代特征。2020 年，数据中心建设被中央正式列入新基建战略。新基建浪潮的推动加之疫情下数字经济的高速发展催生对数据中心的新需求，作为"新基建的基础设施"，数据中心迎来更大的发展机遇。各地纷纷部署数据中心建设，在新基建或数字经济发展规划中辟出专门章节并出台专门发展规划。在此背景下，面向全国产业供需走势、聚焦产业主体未来发展，中国通服数字基建产业研究院发布《中国数据中心产业发展白皮书（2023）》。白皮书全文回溯全球数据中心产业 20 年发展历程，深入分析国内数据中心产业市场供需、政策变化和技术演进，提出在数据中心产业进入高质量发展阶段的当前环境下，产业链四大类主体（政府监管部门、设备供应商、工程服务商、IDC 服务商）转型提升的重要启示及展望，全球数据中心产业规模在 2022 年达到 1308 亿美元，总体步入成熟时期。2001～2006 年全球数据中心市场规模复合增长率达到 43％，2006 年市场规模达 65.6 亿美元；2006～2012 年全球数据中心产业进入信息中心阶段，其市场规模增速放缓，年复合增长率约为 27％，2012 年市场规模约 255.2 亿美元；2012～2019 年全球数据中心进入云中心阶段，市场规模年复合增长率约为 17％，2019 年市场规模约 760.3 亿美元；2019 年后全球数据中心产业开始步入算力中心阶段，云计算、大数据、AI、物联网等新数字技术的加速发展，显著驱动了数据云存储及智能算力需求的增长，促使数据中心增速迎来逆势上扬，2019～2022 年复合增长率约 20％。从供给看，整体呈现向核心区域集中部署态势。数据中心服务商主要在京津冀、长三角、粤港澳、成渝、内蒙古等区域布局。根据 CDCC 统计数据，2021 年，四大核心区域存量机柜总数占比超 80％，其中以北京及周边为核心的华北地区占比 26%、以长三角为核心的华东地区占比 29%、以粤港澳为核心的华南地区占比 24%、以成渝为核心的西南地区占比 10%。

在数字新科技引领下，全球数据中心产业呈现"科技潮涌期"，集群化、绿色化、智能化建设和存量整合升级同步推进，新型智算中心成为主流，产业增速阶段性上扬。国内数据中心产业总体处于平稳增长期，"十四五"期间产业营收规模复合增速预计保持在 25% 左右。国内产业链将呈现计算智算化、液冷产业化、绿电要素化、设备国产化、产业垂直一体化发展趋势。

数据中心，作为存储和处理数据的重要场所，早已成为各类信息系统运行的中枢。在传统数据机房中，主要以提供稳定的电力供应、良好的网络环境以及合理的温度和湿度控制为核心。然而，随着数据量的爆炸性增长和计算需求的日益复杂，传统的数据机房在处理效率、能耗管理和资源利用等方面显得力不从心。新型智算数据机房的出现，解决了传统数据机房所面临的诸多挑战。它不仅关注硬件设施的升级，更注重通过智能化管理和优化，实现高效、低能耗、灵活的计算和存储服务。智算数据机房集成了先进的计算、存储、网络和冷却技术，通过智能化的调度和管理系统，能够大幅提高资源利用率，降低运营成本，提升数据处理的速度和可靠性。

新型智算数据机房的核心技术大致有以下五点：①高性能计算技术：高性能计算（High Performance Computing，HPC）是智算数据机房的核心技术之一。通过集成大量高性能计算节点，智算数据机房能够处理复杂的大规模计算任务。在硬件层面，采用先进的 CPU、GPU、FPGA 等处理器，以及高速互联网络，确保计算任务能够高效完成。②智能化管理系统：智能化管理系统是新型智算数据机房的神经中枢。利用人工智能和大数据分析技术，管理系统能够实时监控和优化资源的使用情况，预测可能出现的故障和瓶颈，并进行预防性维护。此外，智能调度算法可以根据任务的需求动态分配计算资源，确保高效运行。③绿色节能技术：随着环保意识的提高和能耗成本的增加，绿色节能技术在智算数据机房中的应用变得尤为重要。采用先进的冷却技术（如液冷、风冷混合冷却）、高效电源管理系统以及能耗监测与优化技术，可以显著降低数据机房的能耗，减少碳排放，实现可持续发展。④模块化设计与快速部署：模块化设计理念使得智算数据机房的建设和扩展更加灵活便捷。通过标准化的模块设计，各个功能模块可以像搭积木一样快速组装和部署，极大缩短建设周期，降低建设成本。此外，模块化设计还便于后期维护和升级，提升了数据机房的可扩展性和适应性。⑤网络与存储优化：新型智算数据机房需要处理海量数据，这对网络和存储系统提出了更高的要求。采用高速低延迟的网络架构（如 InfiniBand、光纤网络）和分布式存储系统，可以有效提升数据传输和存储效率，确保大数据处理的高效性和可靠性。

"十四五"期末国内数据中心机架规模预计近 1400 万架，总增量投资约 7000 亿元。以 ChatGPT、元宇宙为代表的生产式 AI 等新业态带动算力需求 3 年内或将超过 10 倍。以 DCI、安全、运维为代表的增值业务需求旺盛，节能改造需求兴起，未来 3 年全国 IDC 节能改造市场规模合计超 340 亿元，主要集中在制冷（70%）、电力（20%）。新型智算数据机房的建设和应用，不仅提升了数据处理的效率和质量，还在多个领域展现出广阔的应用前景，消费互联网腰部厂商、产业互联网将成为未来几年新增长点。①科研计算：在科学研究领域，如基因测序、气候模拟、材料科学等，通常需要进行大量复杂的计算和数据分析。新型智算数据机房的高性能计算能力和智能化管理系统，可以大幅提高科研计算的效率，推动科学研究的进展。②人工智能：人工智能的发展依赖于大规模的数据处理和复杂的计算模型。智算数据机房为人工智能算法的训练和推理提供了强大的计算资源和灵活的调度能力，支持人工智能技术的快速发展和广泛应用。③大数据分析：在金融、医疗、零售等行业，大数据分析已经成为决策支持的重要工具。智算数据机房通过高效的数据存储和处理能力，帮助企业从海量数据中挖掘有价值的信息，优化业务流程，提升竞争力。④云计算与边缘计算：新型智算数据机房还可以作为云计算和边缘计算的基础设施，提供灵活的计算和存储资源。通过边缘计算，数据可以在靠近数据源的位置进行处理，减少延迟，提高响应速度，适用于物联网、智能城市等应用场景。

数据中心建筑技术也将朝着低能耗、近零能耗方向发展，装配式数据中心在东部地区率先规模应用；供配电技术由设备级向系统级融合演进、绿电储能成为低碳化的重要方式；制冷技术蒸发冷却、热管、液冷多技术融合并进；基于体系化标准库的智能化全周期运营数字化工程服务平台应用成为趋势。政府监管部门将强化市场牵引，加强宏观指导以实现资源、产业结构调整，地方政府加大鼓励能力培育以扶植产业发展；工程服务商将从提供设计、工程服务为主转向实现全生命周期一体化服务，通过打造或整合标准化组件，实现工程产品化和一体化交付；设备供应商将以客户需求为导向，推动设备定制化、数智化、国产化；IDC 服务商将持续增强自身能力建设，从供应型视角转向生态型运营视角。

未来，随着人工智能、大数据和物联网等技术的进一步发展，新型智算数据机房将在更多领域展现出其巨大的潜力。通过不断的技术创新和优化，新型智算数据机房将为数字化转型提供更加坚实的基础设施支持，推动信息技术向更加智能、高效和绿色的方向发展。此外，随着技术的发展和应用场景的不断扩展，智算数据机房的安全性和可靠性也会成为重要的研究方向。

目录

第一篇　大型数据机房建造管控要点

第1章　数据机房系统设计要点

1.1　机房配电系统

1.1.1　常用线缆类型与型号

电缆一般采用聚乙烯绝缘电缆，该种电缆具有良好的耐火性和阻燃性，能承受足够的电压。

1.1.2　机房配电箱

根据机房的用电大小，可分为普通配电箱和专用机房配电箱，其中专用机房配电箱能够智能控制，整个设计遵守防火、防漏电、防雷接地的原则，能够最大限度地保护用电线路的安全。当不能采用智能化配电箱，选用普通配电箱时，在选择空气开关时一定要选择机房专用空气开关，开关弹片浸泡在矿物质油中，不会在闭合或者短路时产生电火花。

1.1.3　配电系统的设计思想和原则

1. 机房配电线缆选择（表1.1-1）。

机房配电线缆选择 表 1.1-1

序号	考虑因素具体内容
1	机房内使用的电缆，所有的配电用电缆均要考虑良好的阻燃性和散热性，配电箱至照明、用电插座过程中使用的电缆必须具有阻燃能力，并且使用的PVC管径一定要大于或等于电缆的140%
2	电缆的横截面大小也是一个非常重要的选择原则
3	大功率线缆的线芯最好选择单股，具有良好的耐热性
4	在电缆的选择上，一般都会依据60%安全负载的原则，例如某一路计算负载电量为100A，那么建议选择能支撑140A的电缆截面为电力电缆

2. 机房配电的颜色原则

机房需要符合三相五线制，其中三相为三路火线，一路零线，一路地线。国家标准将三相分为 A、B、C 三相，N 为零线，PE 为地线，在三相五线的配电柜中，A＝

黄，B＝绿，C＝红，零线 N＝蓝，地线 PE＝黄绿相间。

3. 机房配电的分路分区原则

分路原则，一个配电正规的数据中心机房，其配电都是由两路三相五线的电力电缆输入机房的总动力配电箱，一路为市电电力，另一路为柴油发电机电力。在进入机房后，从总配电柜输出的电源又要考虑分路原则。

1.2　机房气体消防

1.2.1　气体消防分类

气体消防分类详见表 1.2-1。

气体消防分类　　　　　　　　　　　　　　　表 1.2-1

序号	分类	应用场所
1	管网式气体消防	主要应用在大型的数据中心，主要特点有面积大、防区多、体积大等
2	无管网式气体消防	主要应用在小型数据机房，占地面积小、防火分区较小的这类机房适用。比如运营商的小型设备基站、中学机房、小学机房、小型数据中心等

1.2.2　机房消防系统设计

气体消防的适用环境详见表 1.2-2。

气体消防适用环境　　　　　　　　　　　　　表 1.2-2

序号	分类	应用场所
1	适用环境	1. 电气火灾； 2. 液体火灾或可熔化的固体火灾； 3. 固体表面火灾； 4. 灭火前应能切断气源的气体火灾
2	不适用环境	1. 含氧化剂的化学制品及混合物，如硝化纤维、硝酸钠等； 2. 活泼金属，如钾、钠、镁、钛、锆、铀等； 3. 金属氢化物，如氢化钾、氢化钠等； 4. 能自行分解的化学物质，如过氧化氢、联胺等

1.2.3　气体消防使用注意事项

气体消防使用注意事项详见表 1.2-3。

气体消防使用注意事项　　　　　　　　　　　　表 1.2-3

序号	事项	具体内容
1	系统试运行	系统安装完成后一定要试运行 15～30d，避免控制主机调试不够稳定造成误报，以及机房管理人员还未完全掌握系统操作方法的情况下导致气体误喷造成经济损失和人员伤亡
2	标示清楚	安装有气体消防的地方一定要严格标明，对进入机房的人要交代清楚，以免遇到紧急情况无关人员不知道如何逃出消防区域。进入的人员应严格身份制度，一人一卡一时间的进入机房进行操作，进入机房的显著位置标明消防逃生通道
3	机房相关负责人对控制主机要熟悉	要求机房相关人员熟悉消防主机的最主要原因，一方面是能够在有人值守时系统误报的情况下及时停止喷气，能够在发生紧急情况后手动启动喷气抑制机房火灾发生； 另一个方面是能够使机房相关负责人熟悉消防系统，能够做运行记录和检查，一旦发现异常能及时报修

1.3　应急电源系统（UPS）

1.3.1　应急电源系统（UPS）功能

应急电源系统（UPS）功能详见表 1.3-1。

应急电源系统（UPS）功能　　　　　　　　　　表 1.3-1

序号	功能	具体内容
1	不停电功能	UPS 能解决电网停电问题。就机房来说，采用在线式的 UPS 能够解决机房的停电问题
2	交流稳压功能	UPS 能解决市电电网传输电压剧烈波动问题。采用在线式 UPS 的好处就是所有的市电都先经过 UPS，然后从 UPS 输出，输出的电源都是经过 UPS 通过集成电路处理过的稳压电力，不会像市电直接输入那样造成电压不稳而导致用电设备工作不良或损坏
3	净化功能	UPS 能解决电网与电源污染问题。一般的市电电力传输，都会或多或少有一些电源污染问题存在。所谓的电源污染有以下常见的几种：电网的电力谐波、电压瞬间跌落、高压浪涌、电压波形畸变、电磁干扰等污染类型

1.3.2　系统设备的选型

系统设备选型详见表 1.3-2。

系统设备选型　　　　　　　　　　　　　表 1.3-2

序号	选型	具体内容
1	输入、输出功率的选择	UPS 能够提供多大功率的电源服务完全取决于这个重要因素，例如，一个需要冗余状态下 60kVA 的环境，选用 UPS 的型号肯定是输入功率 60kVA 或者大于 60kVA 的，而且其输出功率也要达到相应的输出功率
2	输入、输出相数的选择（单相、三相）	这里提到设备的供电体系，有单进单出、三进单出、三进三出等，用来应对复杂程度不同的使用环境
3	对 UPS 运行方式的选择	在线式和后备式是目前市场上最广泛的应用类型，机房使用的是在线式，比如金融行业、医疗行业、能源行业与公众信息服务，这些行业的机房无不例外采用的是在线式，使用的永远是电池提供的电
4	根据具体环境对主机外形的选择	UPS 分为机架式和塔式，机架式的代表机型是 APC 的英飞 UPS 主机，且是模块化的，能够控制的电量和电功率可以通过扩展控制模块来提高

1.3.3　UPS 设计时需明确事宜

UPS 设计时需明确事宜详见表 1.3-3。

UPS 设计时需明确事宜　　　　　　　　　表 1.3-3

序号	事项	具体内容
1	是否有投入使用的柴油发电机组	这直接关系到在配置电池数量，如果没有配备电池，需要给电池的续航时间定为 2~4h，如果有大楼的电机值班人员，能够在断电后及时开启柴油发电机保证电力的话，可以将电池组的配置事件缩短到 1h 左右以节约成本
2	业主是否接受双 UPS 并联运行的方式	UPS 作为机房安全运行的主要部件，为机房提供稳定可靠的电力，并且现在的机房 UPS 安装方式都是在线式安装，可以保证 UPS 在损坏状态下能够直接静态转换到市电输入，转换过程无延时。但是为了最大限度地保护机房电力系统的稳定，建议采用双机并联运行的方式
3	现场的机房输入电源能否做到 ATS 控制器瞬时转换	当大楼只有市电的时候，ATS 就没有意义，只有当大楼内部供电存在柴油发电机组时，才能体现 ATS 静态转换开关的优点。通过 ATS 可以保证，在市电断电的情况下，一旦柴油发电机发电，ATS 就可以直接将柴油发电机的电路当作输送给机房的电力电路，在市电重新供电后，ATS 又会重新采用市电作为输送给机房的输电电路，转换过程是静态无延时的

1.4　综合布线系统

机房综合布线类型详见表 1.4-1。

机房综合布线类型 表 1.4-1

序号	类型	具体内容
1	上走线	上走线的方式在新建的机房中是被采用最多的一种方式，其使用方便、维护成本低、故障率低、美观等多方面的优势是这种方式能够受到青睐的原因，一般使用场合在机房的机柜顶部与天花板有最少 80cm 以上的空间，能够容纳多级走线管的走线方式。走线桥架安装完工图采用的材料一般是轻钢材质，铝合金和镀锌材料在硬度上不足，不适宜用来做机房的上走线，存在变形、断裂等隐患。上走线在维护上是比较方便的，只需要足够的梯子就能够及时的对线缆进行测试或者更换。而且，由于上走线将强电、弱电、光纤光缆等分在不同层次里，大大减少了信号干扰的问题，且使用更加安全。由于上走线不需要静电地板下的空间，对大型机房来说，其使用精密空调的送风方式就能够采取下送风方式，将防静电地板下部作为静压箱来送风
2	下走线	下走线的方式在机房综合布线中一般适用的场合是在小型数据中心，精密空调方式不采用下送风上回风的方式时。不过同样的，采用下走线方式带来的不便也是显而易见的，如维护麻烦，每次的检查、添加线路、更换线路都需要拉动沿路上的防静电地板

1.5 防雷接地系统

机房的接地类型详见表 1.5-1。

机房的接地类型 表 1.5-1

序号	接地类型	具体内容
1	信号地	所谓的信号地，指通过等电位连接，保证机房内部使用信号输入的设备。如：网络交换机、路由器、服务器、PC 以及一切模拟信号的设备。这些设备需要防止信号的干扰对线路的破坏
2	屏蔽地	在控制系统中为了减少信号中电容耦合噪声、准确检测和控制，对信号采用屏蔽措施是十分必要的。根据屏蔽目的不同，屏蔽地的接法也不一样。电场屏蔽解决分布电容问题，一般接大地；电磁场屏蔽主要避免雷达、电台等高频电磁场辐射干扰。利用低阻金属材料高导流而制成，可接大地。磁场屏蔽用以防磁铁、电机、变压器、线圈等磁感应，其屏蔽方法是用高导磁材料使磁路闭合，一般接大地为好。当信号电路是一点接地时，低频电缆的屏蔽层也应一点接地。如果电缆的屏蔽层地点有一个以上时，将产生噪声电流，形成噪声干扰源。当一个电路有一个不接地的信号源与系统中接地的放大器相连时，输入端的屏蔽应接至放大器的公共端；相反，当接地的信号源与系统中不接地的放大器相连时，放大器的输入端也应接到信号源的公共端
3	交流工作地	交流工作地主要指的是变压器中性点或中性线（N 线）接地，以满足设备正常运行。根据机房的供电制式，采用 TN-S 三相五线制线供电制式，机房配电柜用五芯电缆从大楼总配电室引至，其中一根 N 线即为交流工作地线
4	安全保护地	安全保护地的作用是为确保人身安全和保障设备的安全。根据机房的供电制式，采用 TN-S 三相五线制线供电制式，机房配电柜用五芯电缆从大楼总配电室引至，其中一根 PE 线即为安全保护地线

续表

序号	接地类型	具体内容
5	直流保护地	计算机以及一切微电子设备，大部分采用中、大规模集成电路，工作于较低的直流电压环境下，为使工作通路具有同一"电位"参考点，将所有设备的"零"电位点接于接地装置，以稳定电路的电位，防止外来干扰，这称为直流工作接地。直流接地的做法可与静电散流网共用一网格系统，将需直流接地的设备用 BVR6mm^2 导线接入直流网格
6	防雷保护地	防雷保护地指为把雷电流迅速导入大地，以防止雷害为目的的接地。通常在机房的静电地板沿墙四周用 40×4 的铜排敷设一周，作为各种防雷器的泄流汇接母排，然后采用不小于 35mm^2 的多股接地线接入的共用地网系统

第2章 数据机房施工管控要点

2.1 数据机房结构特点

1. 机房类建筑结构形式多采用框架结构，密肋楼盖，首层高度高（冷冻站设计要求，管线排布需要），一般首层高度超过6m，层间建筑面积大（图2.1-1）。

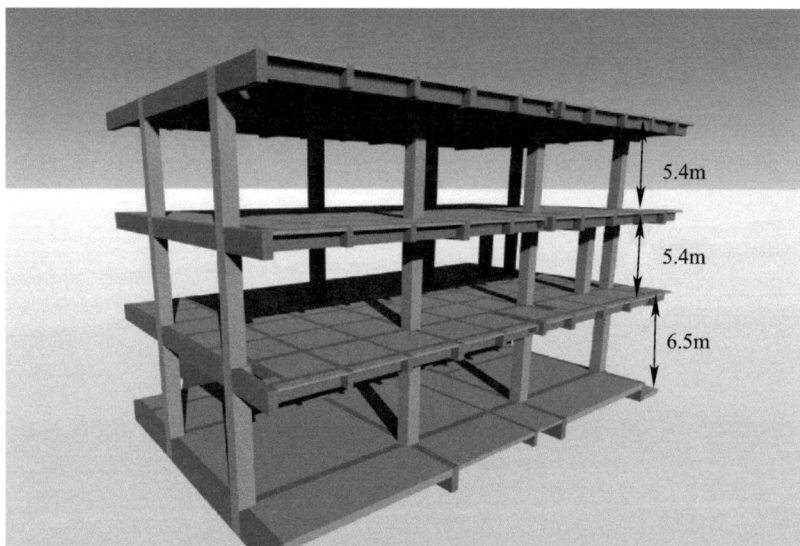

5.4m

5.4m

6.5m

图 2.1-1 一般数据机房剖面图

2. 数据机房常用建筑做法

数据机房常用建筑做法见表2.1-1。

数据机房常用建筑做法 表 2.1-1

公区走廊常用建筑做法		室内机房常用建筑做法	
地面	石材地面 水磨石地坪	地面	环氧地坪 自流平地坪 固化地坪 架空地板
墙面	白色无机涂料	墙面	白色无机涂料
顶面	吊顶/深色无机涂料	顶面	深色无机涂料

2.2　土建阶段施工管控要点

2.2.1　垂直运输部署

因机房类建筑层间建筑面积大，垂直运输是项目能否组织高效施工的关键，塔式起重机与人货梯的布置显得尤为重要，机房类建筑塔式起重机与人货梯布置原则见表2.2-1。

塔式起重机与人货梯布置原则　　　　　　　　　　　　表2.2-1

塔式起重机布置原则	人货梯布置原则
1. 塔式起重机应能覆盖全场，最大限度地减少场内的运输，减少二次搬运。 2. 充分考虑劳务和施工区段划分。 3. 塔式起重机定位应避免与建筑物外立面、外脚手架、人货梯发生冲突，并应充分考虑塔式起重机基础与结构基础、围护结构关系，在深基坑方案论证中附带塔式起重机基础相关内容。 4. 确保附墙能够与主体结构可靠拉结，塔身平面与附墙角度应满足塔式起重机使用说明书要求	1. 根据每层建筑面积与砌体方量确定人货梯布置数量。 2. 在确定人货梯位置时，应尽量将人货梯居中布置，并要确保附墙能够与主体结构可靠拉结（框架结构只能将附墙打设在结构梁侧）。 3. 在选定人货梯位置时要避开后浇带、悬挑卸料平台及结构挑板等位置。 4. 人货梯定位要确保塔式起重机在拆除的过程中不受影响

2.2.2　针对机房结构特点所采取的措施

针对机房结构特点所采取的措施见表2.2-2。

针对性措施　　　　　　　　　　　　表2.2-2

序号	结构特点	措施
1	首层高度高	外架连墙件通常随楼层每层设置，机房类建筑首层高度一般超过6m，即超过三步，外架连墙件无法满足计算要求，在首层结构施工时，可将二次结构圈梁随一次结构混凝土一同浇筑，将架体与圈梁进行可靠拉结，确保架体稳定
2	层数少，层间建筑面积大	在选择外脚手架搭设方式时，应充分考虑机房类建筑结构特点，机房类建筑通常层数少，每层建筑面积大，为确保项目流水作业，在主体结构封顶之前，存在分层验收的可能，人货梯需提前布置，当人货梯与主体结构间无法设置防护架体时，为避免因人货梯安装拆除架体，导致上方楼层无防护措施，一定要将外架设置成悬挑形式，在安装人货梯时可分段拆除外脚手架
3	框架结构，多采用密肋楼盖	机房类建筑多采用密肋楼盖，主次梁布置密集，当工程所在地对架体选型无特殊要求时，应尽量选用钢管扣件式脚手架。采用盘扣架体，会因模数限制造成立杆布置密集，影响施工工效，不利于组织高效施工

2.3　装饰装修阶段施工管控要点

数据机房类建筑在进入装饰装修阶段后，主要涉及各专业、各工种穿插施工，合理的施工组织，可以保证各专业有序的穿插，实现预期的效果，使工程在合同规定的期限内顺利完成。

下面从公区走廊和室内机房两类房间介绍装饰装修阶段工序如何合理穿插。主要区别在于：公区走廊要先完成地面施工，后收墙面；室内机房要先完成墙面施工，后收地面。原因在于石材地面镜面处理工艺带水作业，为避免污染墙面，需先施工地面。

1. 公区走廊工序穿插（2.3-1）

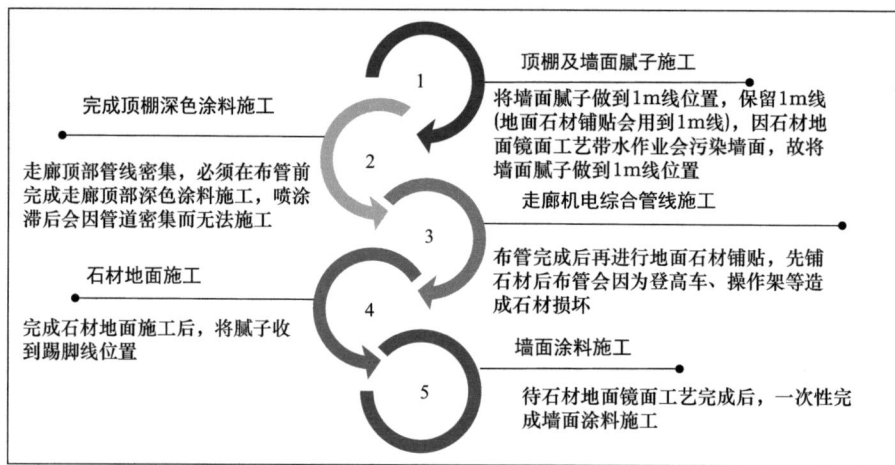

图 2.3-1 公区走廊工序穿插

2. 室内机房工序穿插（图 2.3-2）

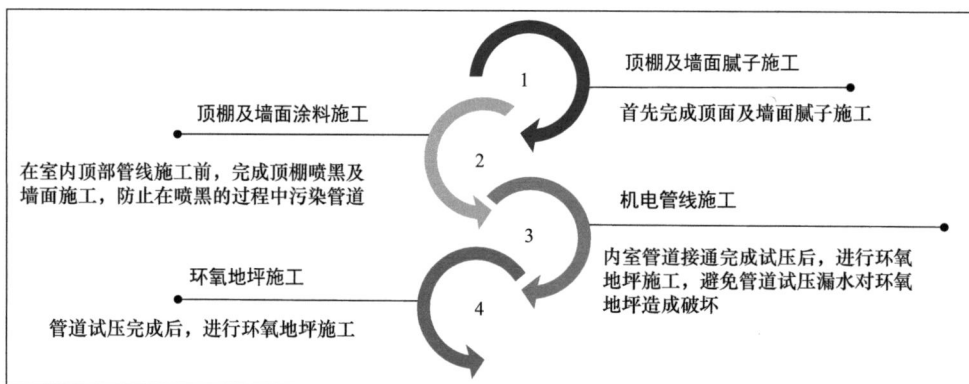

图 2.3-2 室内机房工序穿插

2.4 机电安装阶段施工管控要点

1. 在设备安装之前工序交叉最为密集，因此计划制定要细致，工序安排要合理。

2. 数据机房内设备在安装过程中要做好防尘工作，在设备进场之前，房间要达到一定交付条件，具体见表2.4-1。

工序穿插注意事项及要点　　　　　　　　　　　　表2.4-1

墙体砌筑 → 地面清理 → 顶棚喷涂	1. 提前与质监部门沟通，在结构验收之前，完成墙面开槽、二次配管工作，一定要给二次配管留够充足时间，避免墙后开槽。

工序流程：

墙体砌筑 → 二次配管 → 墙体抹灰 → 腻子施工 → 涂料完成

地面清理 → 接地施工 → 地坪浇筑 → 固化完成 → 环氧底涂

顶棚喷涂 → 支吊架安装 → 气灭安装 → 桥架安装 → 底座完成

→ 数据机房达到安装设备条件

1. 提前与质监部门沟通，在结构验收之前，完成墙面开槽、二次配管工作，一定要给二次配管留够充足时间，避免墙后开槽。
2. 注意土建墙体喷浆节点，喷浆需尽早完成，喷浆滞后会污染支吊架及消火栓箱。
3. 设备进场前地面至少完成地坪固化，墙面涂料完成，避免二次起尘。
4. 顶棚的消防末端设备及接线需要在气灭施工过程中一同施工完成

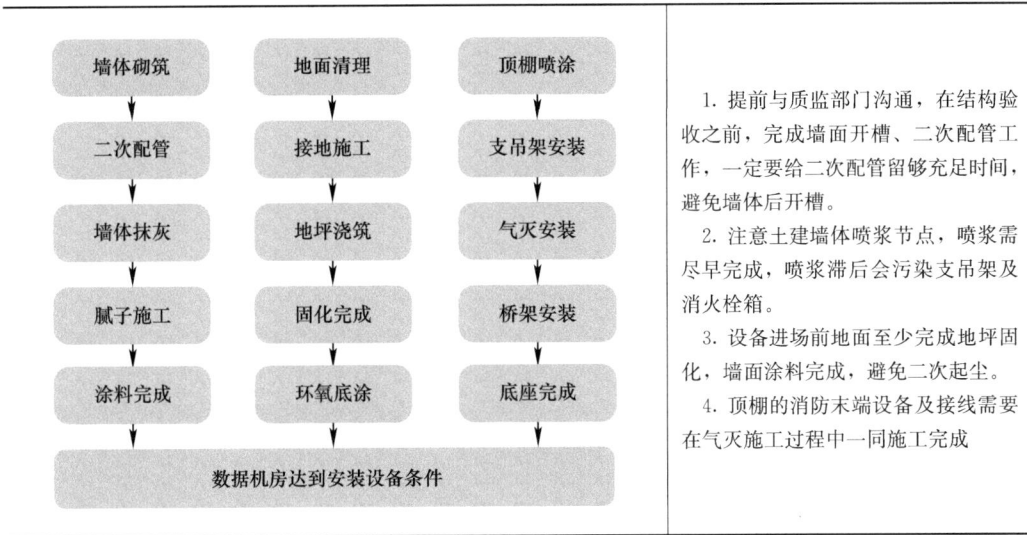

2.5　室外工程施工管控要点

1. 在设计前期，通过BIM对室外管道综合排布，进行碰撞检测。在室外管道综合排布时，不同专业管道开挖要做到互不影响，因不同专业管道由不同队伍施工，管道间距过小在开挖过程中可能造成其他专业已完成管道的损坏；同一队伍施工、同种包管方式的不同管道应尽量按先深后浅原则同槽开挖，避免后续反复开挖。

2. 数据机房主楼周边管道较多，需尽早完成主楼周边管道开挖工作，外脚手架应尽量选用挑架形式，避免采用落地式脚手架给后续主楼周边管道开挖（需等整个架体拆除后进行，并要破除架体基础）所带来的弊端，并应在主楼安装吊篮之前完成主楼周边管道开挖工作。

第二篇　机房建造施工技术

第3章　自定义坐标系测量技术

大型数据机房项目，建筑内包含大量大型机电、配电、动力配置设施，导致螺栓、预埋件及预留孔洞等增多，所以在施工过程中对控制网的建立、建筑轴线及建筑标高的精度控制至关重要，以确保施工完成后设备联动一次性达到设计要求。所以本工程结合绘图软件 AuotCAD 研发了一种自定义坐标系测量技术，与传统测量放线相比，将设计图纸复杂的原始坐标进行自定义处理，既能保证建筑物的空间平面位置，又能提高坐标放样精度。

3.1　工程测量

工程测量主要包括工程勘测、设计、施工中包含的测量工作，其作用是为建筑工程施工提供准确、科学的参数资料，从而保证建筑工程施工能够安全准确的建设完成。工程测量工作的开展需要在确定建筑施工精准度的情况下，做好建筑施工定位放线工作，在保证施工安全的基础上，确保建筑施工的精度达标，从而保证工程建筑能精准地建设在设计的空间平面位置上。此外，在建筑工程施工的不同阶段，工程测量所起到的作用也不同。其所起到的作用主要有三种，即建筑施工的设计测量、施工测量和管理测量，往往需要针对不同的施工阶段选择使用不同的工程测量方法。

3.2　全站仪坐标放样

3.2.1　传统全站仪坐标放样步骤

1. 将全站仪架设至一个已知控制点上，对仪器进行对中、整平、输入本控制点图纸设计坐标等操作。

2. 将望远镜瞄准后视控制点的棱镜，设置后视参数，输入后视点图纸设计坐标，测出第三个控制点坐标并进行坐标对比校核。

3. 放样。在全站仪菜单中选择放样，输入放样点坐标，确认后仪器将显示距离及角度参数。按提示转动望远镜直到水平角偏差为零，棱镜根据仪器提示移动，直到距离差值在要求范围。

4. 测出待放点，做好标记。

目前，在施工测量放线中普遍使用的都是图形原始坐标，使用全站仪放线时原始坐标不仅复杂且放样点位寻找困难，因坐标点放样必须同时满足 X、Y 值，并且点位固定，如果点位被遮挡就只能选取下一点进行放样，导致放点速度缓慢、点位精度降低，更影响建筑物的整体尺寸、预埋件及预留洞口的空间位置，不利于后期大型机电、配电、动力配置设施的安装，存在施工质量隐患。

如图 3.2-1 所示，施工现场坐标放样 9-1 交 9-A 轴，棱镜必须找到（X＝11150.971，Y＝264267.463）点位，其中 X，Y 值均要满足，在实际找点过程中很难同时满足，且坐标值复杂，易出现坐标值输入错误等情况，导致点位误差偏大，达不到所需精度要求。

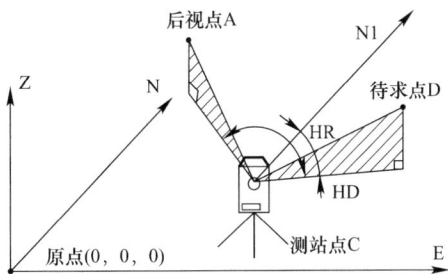

图 3.2-1 全站仪点放样示意图

3.2.2 自定义坐标系建立及坐标放样

原始设计图纸结合绘图软件 Auto CAD，将形状规整的图形进行整体偏移与旋转，转换到直角坐标系当中，使得规整图形的轴线与直角坐标系 X、Y 轴平行，即 Y 轴为东西方，X 轴为南北方。在现场放样过程中同一 X 轴上的 Y 坐标值（东西距离）不会改变、同一 Y 轴上的 X 坐标值（南北距离）不会改变，所以在现场全站仪放样过程中平行于 X 轴的轴线只需要知道 Y 坐标值（东西距离）即可放出所需南北方轴线、平行于 Y 轴的轴线只需要知道 X 坐标值（南北距离）即可放出所需东西方轴线。并且棱镜可以在轴线上随意挪动位置，这也解决了在施工放线的过程中因建筑结构、外架或其他物体遮挡而导致的无法放样的问题，尽管采用搬迁测站点的方法可以解决该问题，但会导致测量误差的累积，从而降低放样精度。

在施工放线前，将标准坐标（包括控制点）图形在绘图软件中打开（图 3.2-2），正交画出一条直线，将图形 9-A 轴或任一字母轴通过移动和旋转将其重合，随后以 9-A 交 9-1 轴为基点（也可自行指定一点为基点）将图形移动至坐标（0，0）处（图 3.2-3），也可以自定义基点坐标。此时 9-1 轴上的 Y 值为 0，9-2 轴、9-3 轴……9-9 轴上的 Y 值就是 9-1 轴到 9-2 轴、9-1 轴到 9-3 轴……9-1 轴到 9-9 轴的直线距离，9-A 轴 X 值为 0，9-B 轴、9-C 轴……9-G 轴上的 X 值就是 9-A 轴到 9-B 轴、9-A 轴到 9-C 轴……9-A 轴到 9-G 轴的直线距离。所以施工现场放样 9-2 轴（数字轴）时，棱镜挪动到全站仪 Y 轴值为 9-1 轴到 9-2 轴（数字轴）的直线距离，X 值不用考虑。同理现场放样 9-B 轴（字母轴）时，棱镜挪动到全站仪 X 轴值为 9-A 轴到 9-B 轴（字母轴）的直线距离，Y 值不用考虑。传统全站仪坐标放样 X、Y 值必须同时满足，但使用转换后的图形坐

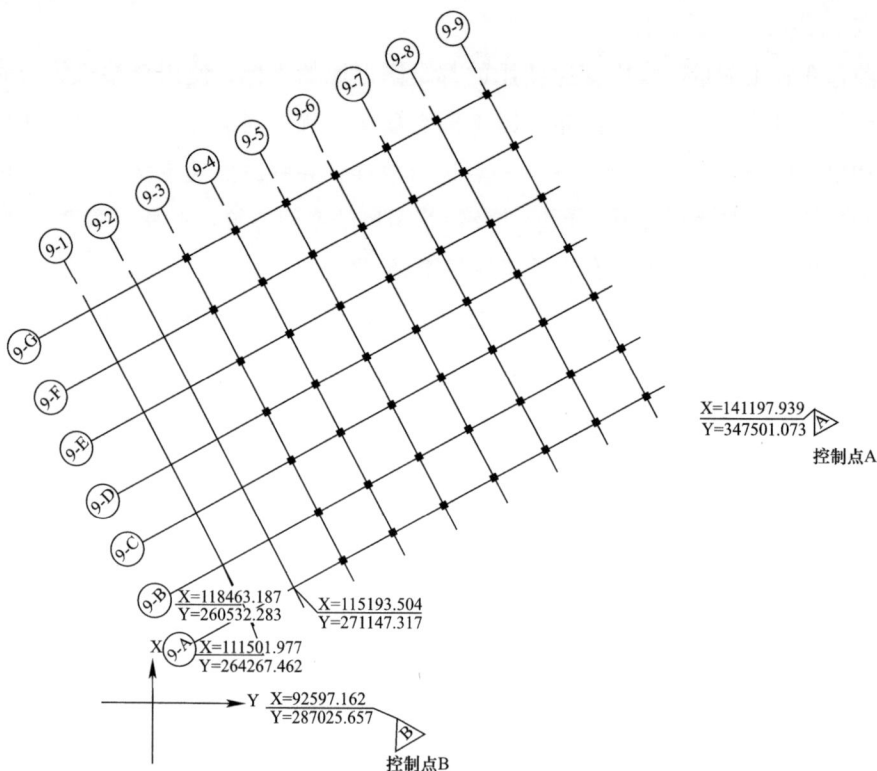

图 3.2-2　原始标准坐标图纸

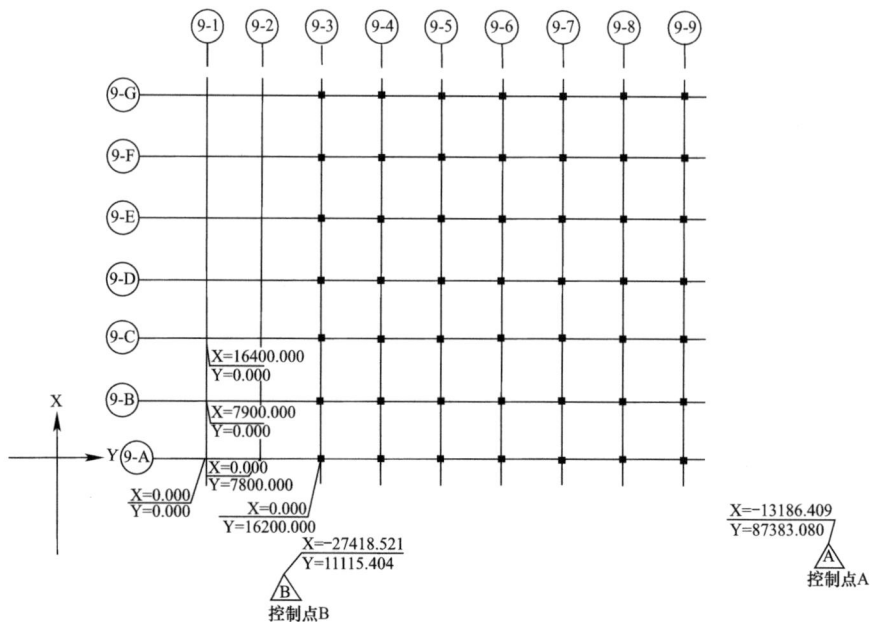

图 3.2-3　自定义坐标系后的图纸

标放轴线时，字母轴和数字轴是相互独立的，放样字母轴只需知道 X 值，放样数字轴只需要知道 Y 值。所以转换后的图形坐标放样由原来的两个变量变为了一个变量，提高了精度及放样速度。而由于控制点是随着图形一起旋转偏移，只需要使用旋转偏移后的控制点坐标进行全站仪建站，所放出来的建筑也会与旋转偏移前的图形重合。

　　在施工放样前将原有图形及坐标转换到自定义的直角坐标系中，全站仪通过转换后的控制点建站放线（图 3.2-3 中 9-B 轴、9-2 轴）。全站仪建站后，棱镜找点只需要全站仪显示器中 X 值为 7900，Y 值不用考虑，所放出的点就在 9-B 轴线上，左右随意移动多找几点连接在一起，该线就为 9-B 轴；对于 9-2 轴，只需要找 Y 值为 7800（不用考虑 X 值）的点位连接在一起，该线就为 9-2 轴，且两条线相交就为（9-2 轴交 9-B）点。所以字母轴只需考虑 X 值，数字轴只需考虑 Y 值，减少了一个变量。同时可根据转换后的控制点做施工现场的二级控制点，以及可实现大面积的点位控制，提高了放线速度与精度。

第4章　数据机房桩基施工技术

4.1　基于磁测角传感器的判定桩基入岩技术

4.1.1　概述

通常数据机房布置在办公楼内,机房里所用的计算机、小型机、服务器、网络设备等,均上机柜摆放,由于设备密度大,往往在小型机、服务器和大的存贮设备集中摆放时,单平方米投影面积内的设备总重量最大能达到 1000～1200kg(包括机柜的重量)。要满足设备的特殊的承重要求,地基与基础的设计至关重要。

传统钻孔灌注桩施工采用正循环及冲孔工艺,需在护筒口捞取的岩样,通过钻探资料对岩土成分的描述,观察岩样渣色、形状、质感、矿物成分、数量、风化程度及节理特征,根据岩样特征判定是否进入持力层。但捞取的岩样杂质太多,并且钻进孤石或砾石层时会随泥浆带出假岩样,会造成难以判定的情况。而且工程地质勘察报告仅对勘察孔附近的桩长具有参考意义,但对于整个工程的场地,一般地质剖面图难以表示复杂地层的岩石风化程度和岩面起伏状况。按传统判岩方式,判岩周期长,准确性差,因判岩产生的误差容易导致工期延长,费用增加和桩基承载力的不确定。

4.1.2　判岩技术基本原理

为实现准确高效判岩,总结形成了岩层深度的检测装置及其检测方法,主要根据钻机进尺速率来判定是否入岩。根据现场观察,入岩后往往钻进较为平稳,不会出现跳钻、别钻现象,在强风化层中钻进速率一般为 1～3m/h,在中风化层中为 0.2～0.5m/h。钻进速率一般与机型号及钻头种类、钻头磨损程度有关,以上数据仅以 GPS 型桩机为例。此装置主要由永磁体、磁测角传感器和控制显示终端组成,将永磁体固定于卷扬机钢丝绳转轴中部位置,磁测角传感器距离永磁体小于 0.5m 处固定安装,如图 4.1-1 所示。固定于卷扬机钢丝绳转轴轮盘上的永磁体随着卷扬机的运作,其磁场会发生变化,通过磁传感器采集磁场变化数据,通过磁传感器磁信号的相位和周数计算行程，根据单位时间内行程变化量计算速度，并传输至控制终端进行分析处理，得到打桩机的打桩深度、打桩速度、作业时间等参数，最后输出到屏幕上显示，如图 4.1-2、图 4.1-3 所示。同时根据捞取的岩样的粒度及硬度和颜色的变化来进行分析对比，提高判岩的准确性。

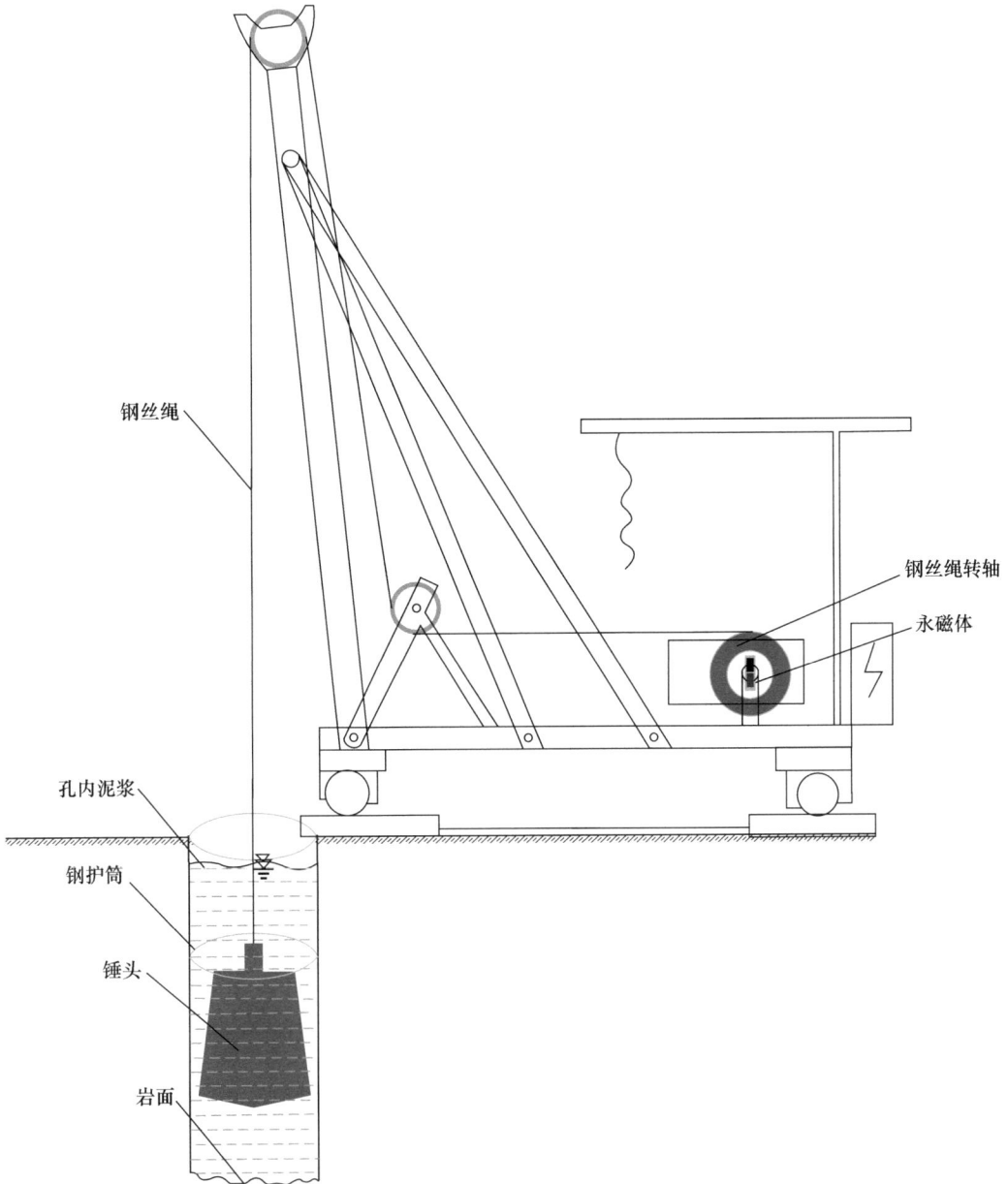

图 4.1-1　装置示意图

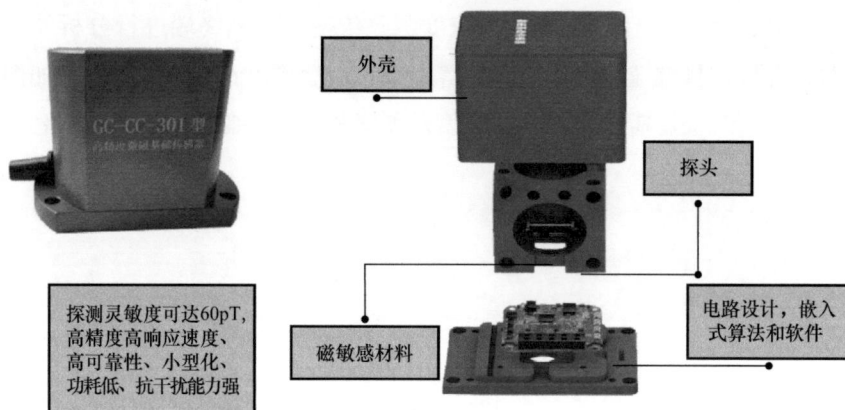

图 4.1-2　磁传感器

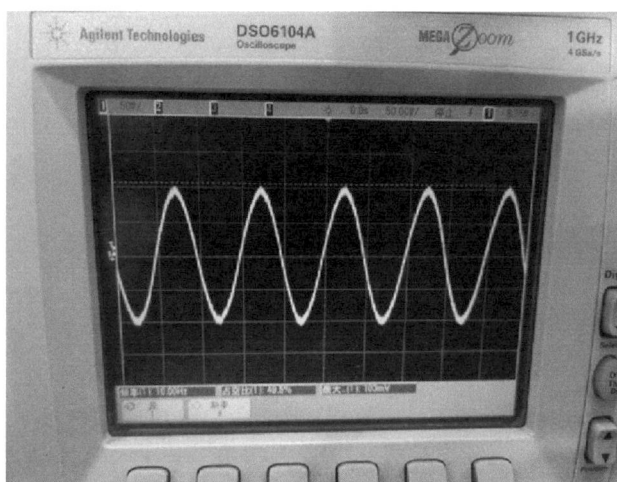

图 4.1-3　传感器输出曲线

入岩判别主要与施工机械、钻进情况、基岩埋深及岩性特征等有关，不同的工程需区别对待，对于岩面起伏大的场地，要更准确地确定入岩深度还要补充一定数量的工程地质钻孔。

4.2　灌注桩钢筋笼连接技术

4.2.1　概述

在工程建设领域，钢筋笼加工制作中，一般在现场用钢筋制作加劲箍，现场制作的加劲箍需要通过焊接自行封闭成环，往往因焊接质量不合格，同一批制作出来的加劲箍尺寸存在偏差，制作完成的加劲箍通过点焊与钢筋笼主筋进行连接，焊接工人对钢筋笼的质量影响占有主导地位。通常吊运、下放钢筋笼过程中钢筋笼焊点易脱焊，主筋安装位置不准确，当钢筋笼采用机械连接进行接长时，该类问题尤为突出，由于加劲箍与主筋安装位置不准确，使得钢筋直螺纹套筒无法连接到钢筋笼主筋，或套筒内钢筋并未顶紧，存有空隙，无法满足设计规范相关要求，整改起来费时费力。加劲箍与钢筋笼主筋采用焊接进行连接存在诸多弊端，为此有待对现有技术进行改进。

4.2.2　灌注桩钢筋笼连接技术基本原理

针对传统连接方法诸多弊端，总结形成了灌注桩钢筋笼新式连接技术（专利授权号：ZL202221944250.7），本技术的连接装置加劲箍在工厂加工预制，每隔5°设置一刻度标线，工厂预制的加劲箍，确保了尺寸的统一。根据钢筋笼主筋数量计算出相邻主筋之间圆心角，并先行在加劲箍上相应位置安装固定旋转连接件，将加工好的钢筋根据加劲箍的设置间距标记好加劲箍设置位置。连接件一端与钢筋笼加劲箍相连接，另一端与钢筋笼主筋相连，该连接件通过连接转轴与固定螺栓可自适应各规格型号钢筋的连接，确保钢筋笼主筋安装位置准确、牢靠。解决了以往钢筋笼主筋与加劲箍焊接不牢，主筋安装位置不准确等诸多弊端（图4.2-1、图4.2-2）。

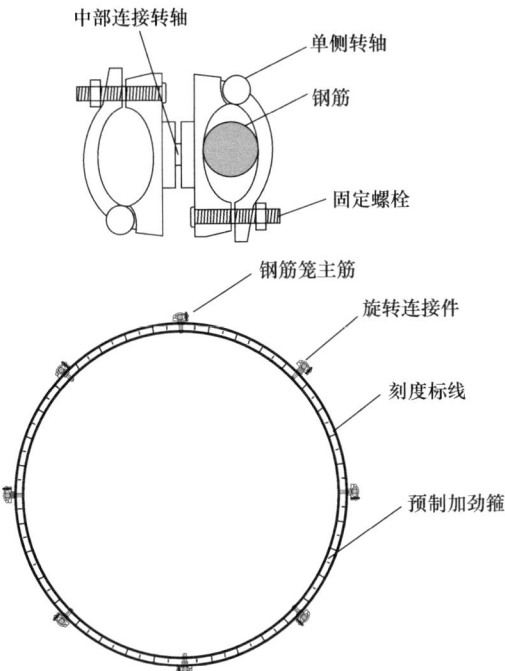

图4.2-1　工作原理示意图（一）

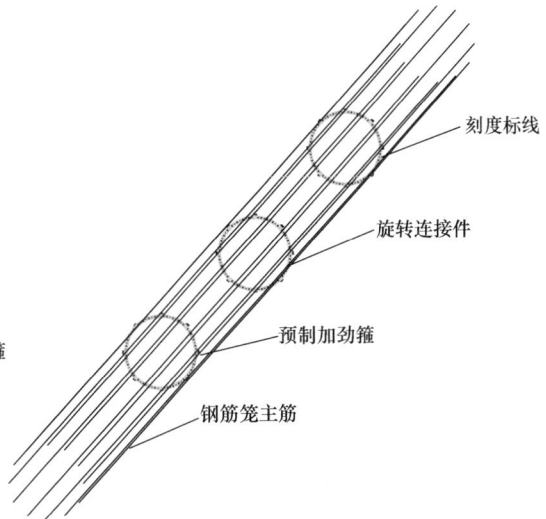

图4.2-2　工作原理示意图（二）

4.3   钻孔灌注桩成桩过程中地层塌孔处理技术

4.3.1   概述

目前数据机房建造位置多不固定,地质条件多样化,很多桩基成孔位置地质情况复杂,有的在回填区成孔,有的则在各种岩层中成孔,由于回填料性状不一,且大部分的回填区在建造时地层处于自重压密阶段,成桩时由于新近回填结构松散,不均匀,块石粒径较大,岩层中存在软弱层,或层理发育成泥质结构,在这种地质情况下进行钻孔灌注桩施工很容易出现塌孔现象。对塌孔传统的处理方法为用黏土或黏土和片石的混合物回填,待回填静置一段时间后重新钻孔,如塌孔严重,则应全部回填,待回填土沉积密实后,重新钻孔,回填的方法费时费力,耽误工期,影响进度且不经济。本施工技术有效解决了上述存在的工程问题,在保证桩基施工质量的同时,加快了施工进度,节约工期,节省成本。

4.3.2   塌孔处理技术原理

为解决钻孔灌注桩塌孔传统处理方法效率低的问题,发明了一种快速解决塌孔处理技术(专利授权号:ZL202210611934.3),本施工技术所用设备主要由上部高压旋喷装置和下放到孔内可开闭锥形护筒两种装置组成,通过高压射流切削搅拌回填到孔内的土体,根据塌孔严重程度选用单管法、双管法、三管法。单管法射流切削土体半径最小、双管法次之,三管法最大,竖向中空钻杆下部通过水平油压伸缩杆分成左右两个叉形钻杆,用于切削塌孔部位回填的土体,叉形钻杆下部设有喷嘴,浆液从喷嘴里喷出。中空钻杆正下方设有吊放锥形护筒的托板,水平油压伸缩杆用于启闭锥形护筒和输送浆液。下部可开闭锥形护筒的设置便于回填后挤密土体,锥形护筒下部设有封板,板中设置有折页,通过折页连接开启后的锥形护筒,锥形护筒上部设有轨道槽,作为两个叉形钻杆的滑道,轨道槽上设有锥形护筒启闭卡槽,供水平油压伸缩管开闭锥形护筒。当灌注桩在成桩过程中发生塌孔时,根据测得的塌孔位置,利用高压旋喷装置中空钻杆将可开闭锥形护筒下放到塌孔位置处,然后向孔内回填黏土,将油压水平伸缩管旋转到锥形护筒启闭卡槽位置处,伸缩油压水平杆,用叉形钻杆启闭锥形护筒,使黏土向孔壁侧挤压,挤压密实后闭合锥形护筒,边提钻边喷浆,在护筒外侧形成致密稳定坚实的孔壁,最终达到堵漏的目的(图 4.3-1~图 4.3-3)。

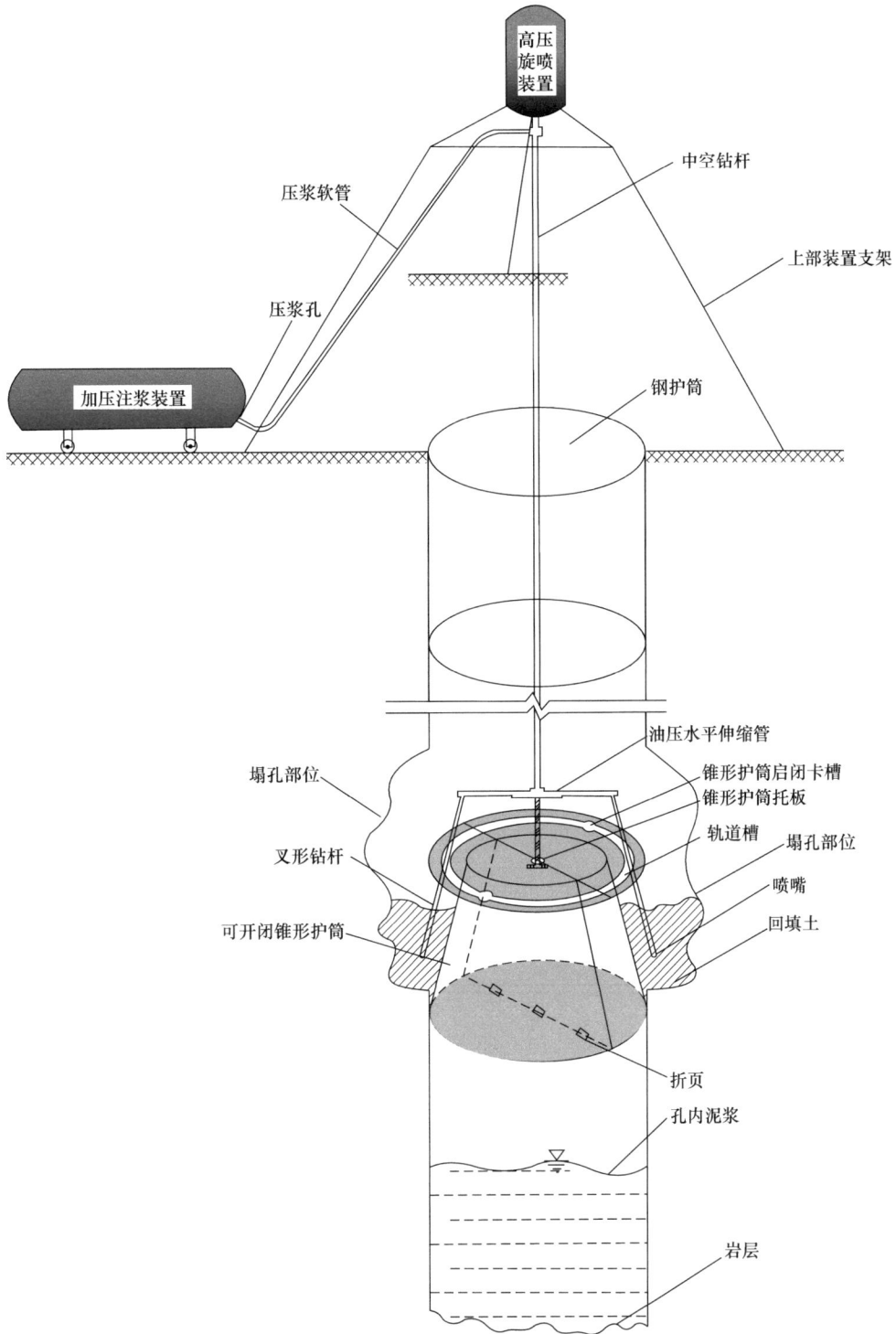

图 4.3-1　工作原理示意图

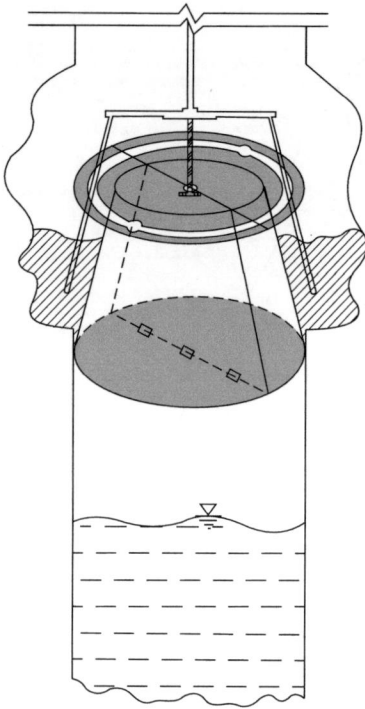

图 4.3-2　工作原理示意图（关闭状态）　　　图 4.3-3　工作原理示意图（开启状态）

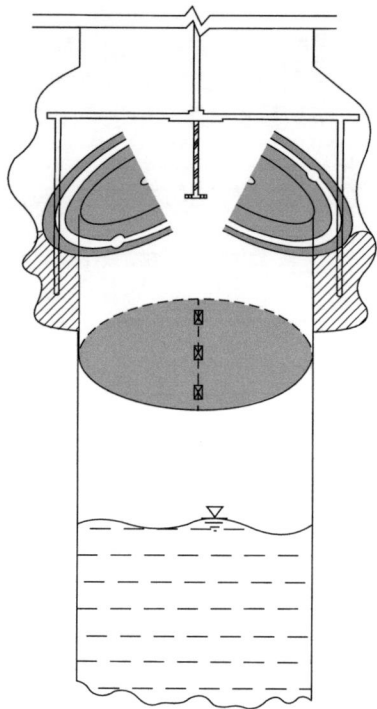

4.4　灌注桩桩头防水处理技术

4.4.1　概述

　　传统钻孔灌注桩桩头防水处理，通常要先进行桩头破除，但由于破除工人专业素质参差不齐，或施工工艺相对落后，造成桩头破除随意性大，存在工人未在桩头标高位置用切割机对钢筋保护层部分进行环向切割等问题，不能有效保证桩头标高一致性、桩头及下部钢筋的完整性等技术要求，从而影响后续桩头防水施工。与传统处理方法相比，本桩头防水处理技术主要通过在桩头的外侧设置防水预制套管，通过预制套管的设置避免了桩头凿除过程中因没有对其环切使得桩头锚入承台部分的桩头凹凸不平，确保了桩头的完整性，使锚入承台桩头的钢筋保护层满足设计要求，减少了渗透隐患。

4.4.2　桩头防水技术原理

　　本桩头防水处理技术（专利授权号：ZL202210876815.0），通过在桩头的外侧设置桩头防水预制套管，并通过防水砂浆、聚氨酯密封膏将桩头防水预制套管固定在大面积铺贴的合成高分子卷材上，桩头与防水预制套管之间浇筑高一强度等级的细石混凝土，使得桩头防水预制套管与破除后的桩头浇筑成整体，待细石混凝土达到强度后，在桩头与细石混凝土顶部，防水预制套管四周二次涂刷水泥基渗透结晶涂料防水层，并满足水泥基渗透结晶涂刷厚度要求。通过一系列防水材料与措施确保桩头防水满足设计与规范要求，待所有工序完成后，浇筑基础底板混凝土，具体如图4.4-1所示。

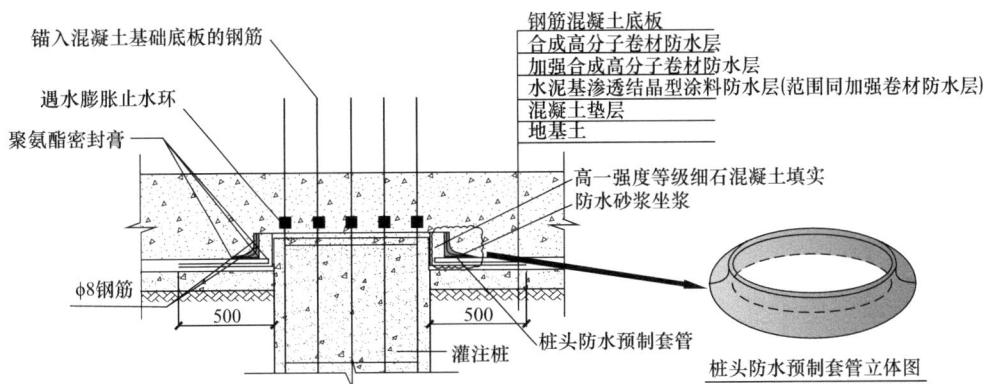

图4.4-1 工作原理示意图

主要施工工艺为：在浇筑好的垫层与桩头上涂刷水泥基渗透结晶型涂料防水层，涂刷范围同加强卷材防水层（桩头周边500mm范围内），水泥基渗透结晶型防水涂料涂刷完成后，在其上设置合成高分子防水卷材加强层，合成高分子防水卷材加强层设置完后开始大面积铺贴合成高分子卷材防水层，在高分子卷材加强层与大面积铺贴的防水卷材之间涂刷聚氨酯密封膏，防止两层高分子防水卷材之间渗水。然后将桩头防水预制套管通过坐浆的方式设置在大面铺贴的防水卷材上，在桩头防水预制套管通底部的内外两侧周圈涂刷聚氨酯密封膏，中间部分设置防水砂浆，使得桩头防水预制套管与大面积铺贴的高分子卷材密贴，确保不会渗水。桩头防水预制套管顶与桩头之间空隙内浇筑高一强度等级细石混凝土灌实。待细石混凝土达到强度后，在桩头与细石混凝土顶部，以及防水预制套管四周二次涂刷水泥基渗透结晶涂料防水层，并满足水泥基渗透结晶涂刷厚度要求。锚入承台内的钢筋上设置遇水膨胀止水环。待所有工序完成后浇筑基础底板混凝土（图4.4-2、图4.4-3）。

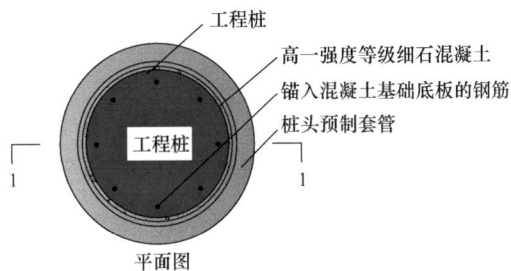

图4.4-2 桩头防水预制套管平面图

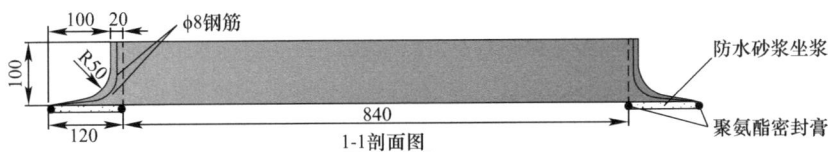

图4.4-3 桩头防水预制套管剖面图

第5章 数据机房模板安装加固施工技术

5.1 梁模板安装加固施工技术

5.1.1 概述

目前数据机房类建筑结构形式多采用框架结构及密肋楼盖。梁、柱模板的加固作为数据机房类建筑土建施工阶段主要的施工工序，对施工进度、质量、成本具有很大影响。传统梁模板加固通常采用步步紧对梁底模板进行加固，上部用对拉螺杆结合短钢管对梁侧模板进行加固。现有加固方法，加固零部件多，很容易造成零部件缺失，并且在加固过程中使用的钢管沉重，不便操作，存在坠落隐患，同时，对拉螺栓位置无法得到保证，在拧紧的过程中容易造成梁模板的受力不均，模板容易发生变形、移位。

5.1.2 梁模板安装加固技术原理

为解决梁模板传统加固施工方法，研发了夹具式梁模板加固技术（专利授权号：ZL202221752498.3），该方法所用装置主要由夹具固定件、夹具可调件、固定插销三部分组成。固定件与可调件上设有适应梁高的可调节滑片（上部滑片、下部滑片、滑片连接件）。夹具固定件上设有供可调件滑动的滑杆，滑杆上设有固定槽，待该夹具调到相应的宽度后，通过固定插销进行锁死。具体技术方案为调节夹具以适应梁截面尺寸，根据梁高调节上下滑片，通过滑片连接件进行固定锁死；根据梁宽调节夹具可调件，通过插销固定；夹具调整完尺寸夹紧梁模板后，夹具两端通过扣件与支模架立杆进行连接，与架体固定成整体，有效避免了梁模板在荷载的作用下出现左右摆动、移位现象（图 5.1-1～图 5.1-4）。

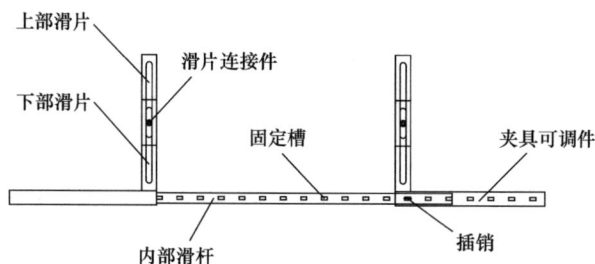

图 5.1-1 夹具组装原理图

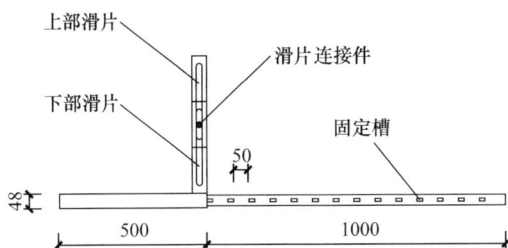

图 5.1-2　夹具固定件

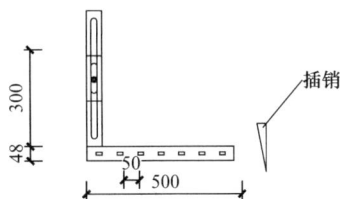

图 5.1-3　夹具可调件

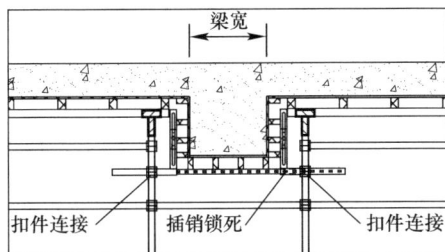

图 5.1-4　实际应用图

梁模板通过夹具与支模架的立杆进行扣接，使梁模板与支模架连接成一个稳定的整体，避免梁模板在安装加固完成后，在施工荷载的影响下发生左右摆动，偏位现象，保证施工质量。

5.2　柱模板安装加固技术

5.2.1　概述

目前方柱模板安装加固方法通常采用钢管和对拉螺栓组合方式与方柱扣居多，使用钢管和对拉螺栓配套的传统方式进行方柱模板加固，不仅材料的型号复杂，工艺繁琐，施工速度慢，耗费大量人工，需要的配件多，而且配件较小，容易丢失，加固不便，难以实现高效。方柱扣虽工序简单，相比于传统的模板加固方式，施工前期准备材料少，无需使用穿墙丝、穿墙管，但加固构架沉重，不便安拆。

5.2.2　柱模板安装加固技术原理

针对数据机房框架柱，总结形成了柱模板加固安装技术，其技术原理为 A、B 型加固件可根据所加固柱截面尺寸由加固件基本单元进行接长拼装成柱模板加固体系。A型加固件上设有加固件滑动接头，B 型加固件端部设有螺母孔，该滑动接头可在 A 型加固件上自由滑动，用紧固螺丝穿过滑动接头后与 B 型加固件螺母孔进行安装，使整个加固装置成为体系。加固件正面设接长孔，接长孔上设置有刻度标线，除用于加固件接长外，还可用于穿紧固螺丝，背面设有滑槽，供加固件接长使用；上面设置成凹凸状，凹进部分为方木固定槽，固定槽上标有校准刻度标线。方木固定槽可以确保柱模板加固安装时方木位置的准确，其上的校准刻度标线可确保方木在固定槽位置的统一。凸出部分可增加加固件刚度，凹进部分可用于固定安装方木，同时可以减轻加固件质量，根据柱模板方木常规设置间距，加固件凹凸部分按每间隔 5cm 设置（图 5.2-1～图 5.2-4）。

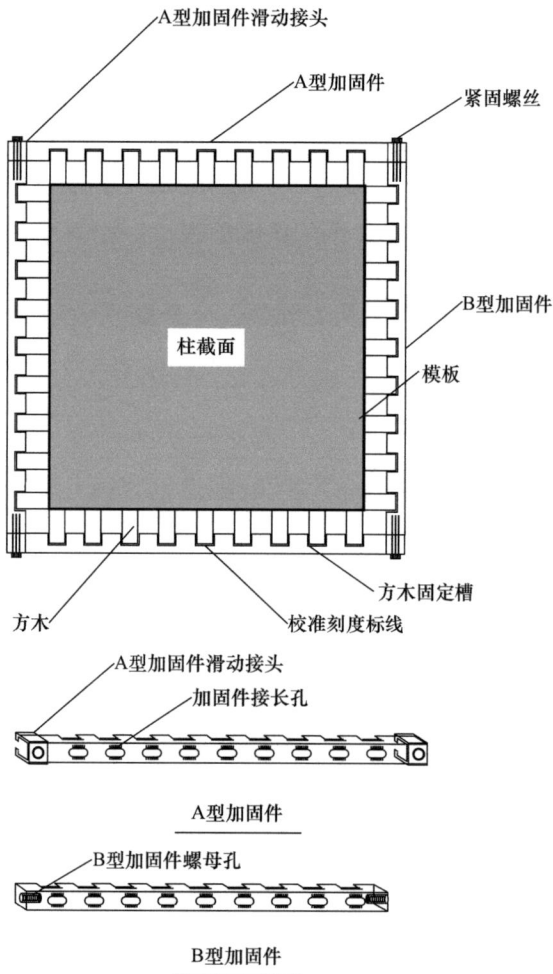

图 5.2-1　组装原理图

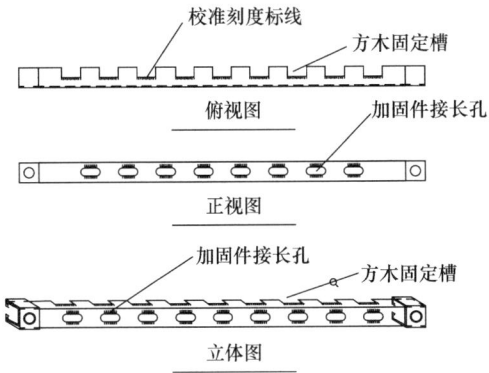

图 5.2-2　A 型加固件原理图

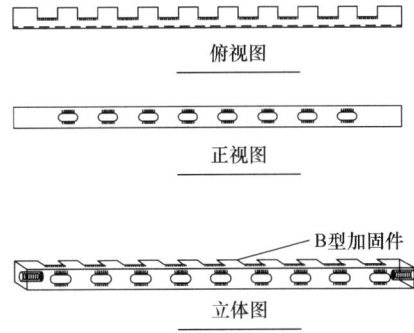

图 5.2-3　B 型加固件原理图

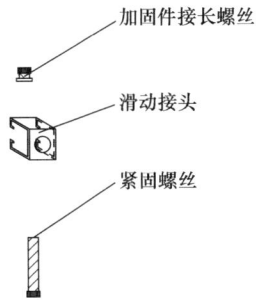

图 5.2-4　加固件接长螺丝、滑动接头、紧固螺丝外观示意图

第6章　数据机房脚手架拉结施工技术

6.1　概述

对于数据机房类框架结构形式的建筑，施工现场脚手架连墙件常用为钢管式，混凝土浇筑前需在结构内预埋钢管。二次结构砌筑作业时需要将连墙件的结点部位预留出一个很大的孔洞。外架拆除后，需对预留孔洞进行修补，即浇筑混凝土将孔洞灌实，修补量大且存在渗漏隐患。阳台反梁、室外连廊等安装防护栏杆而不砌筑墙体的部位在装饰层施工完成后，外架拆除时需将钢管割除，切割部位往往凸出装饰完成面，需要进一步打磨平整，观感质量差，存在动火作业，有安全隐患，预埋的钢管影响结构受力，且不能重复使用。

6.2　脚手架拉结施工技术原理

针对以上问题，发明了一种新型脚手架拉结施工技术（专利授权号：ZL202210974340.9），本技术有效解决了上述存在的工程问题，不需要在砌筑墙体时预留孔洞；外架拆除时不需要割除钢管，不存在割除后的钢管接茬凸出墙面的问题；减少后期修补量，无动火作业，确保了施工安全。本技术改变了以往外脚手架与主体结构的连接方式，带有外设分段式套管的预埋套筒，代替原模板安装时使用的螺杆套管，实现利用模板加固螺杆洞完成脚手架与主体结构的连接，在模板安装时可穿对拉螺杆对模板进行加固，在后期搭设外架时可供安装钢制连墙件，无需在主体结构上另行开洞，不会影响结构的受力，同时方便架体安装与拆除，除预埋套筒外所有构配件均可重复使用，并具有安装方便、简洁、安全等特点（图6.2-1）。

此连接技术利用原模板安装加固螺杆洞进行套筒的预埋，该套筒在中部设有止水环翼，延长了渗水路径，在外部设有分段式螺杆套管，套管端部设有分离式承压护口，在后期装饰过程中将分离式承压护口抠出，进行修补，承压户口与止水环翼的设置避免了外墙渗漏。带有卡头与螺帽的钢质连墙件可拆卸、可重复使用，并且在安装过程中实现方便、简洁、安全、高效，该钢质连墙件与主体结构接触部位设置承压圆环，在安装钢制连墙件时用扳手转动螺帽，使连墙件拧到预埋套筒中，当承压圆环与主体

| 滑动固定扣件旋转固定面 | 滑动固定扣件卡头对接面 | 外设套管内部结构(内设套筒) | 带有外设分段式套管的预埋套筒 |

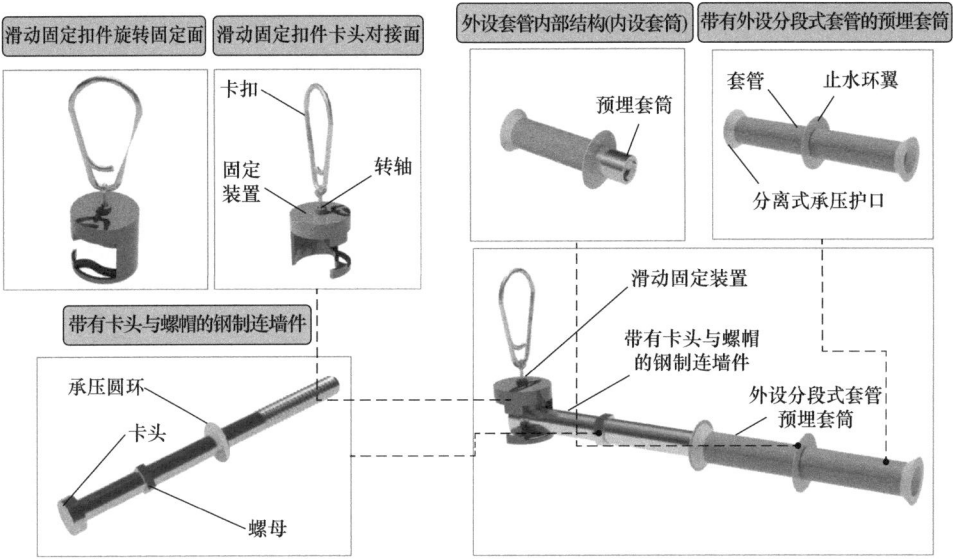

图 6.2-1 外观及工作原理示意图

结构紧密贴合时，钢制连墙件达到设计要求的计算长度，将带有卡扣的滑动固定装置安装到外架的横杆上，将其滑到钢制连墙件卡头位置，转动转轴，将其锁死，形成既能承受拉力，又能承受压力的可拆卸、可重复使用的连墙装置（图 6.2-2～图 6.2-4）。

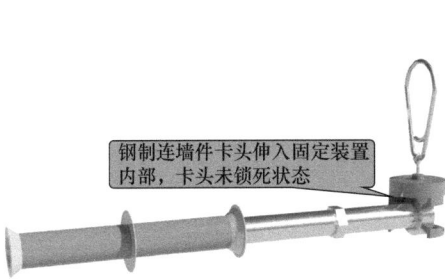

图 6.2-2 卡头未被固定状态

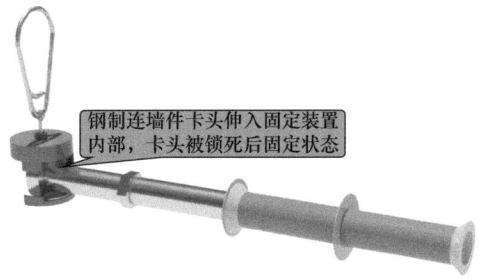

图 6.2-3 卡头被固定状态

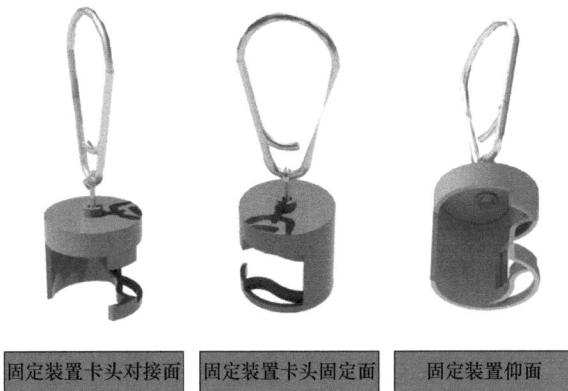

图 6.2-4 滑动固定装置示意图

第7章 装配式机房设备管道递推施工技术

长期以来，设备机房机电安装以"边干边量边改"的施工模式为主，通常是现场测量放样、现场制作加工。该施工模式下，人工下料焊接、质量不稳定，精确度低、易发生管道碰撞，现场需要大面积加工场地、临时用电容量大，存在大量的切割焊接作业，安全管理工作严峻。传统设备机房施工存在实施难度大、工期长、成本高、机械化水平低、安全隐患多等难题。

伴随国家建筑业新技术的发展与革新，住房和城乡建设部将推动建筑产业现代化、推进建筑节能与绿色建筑发展等列为未来建设中的主要任务；党的十九大进一步强调"践行绿色发展理念，建设美丽中国"，要求加强生态环境保护、推动绿色发展的意识。绿色施工成为我国建筑业的未来发展方向之一，建筑领域的精益建造是大势所趋。传统粗放式的施工模式必将被集约化、流水线化的施工模式所取代，装配式施工正逐渐成为建筑业未来的主流发展方向，其在节省材料、降低能耗、加快工程进度方面存在巨大的优势，具有良好的发展前景。我国社会人口结构逐步趋于"老龄化"，建筑业劳动力趋于紧缺，同时建筑工人缺乏"新鲜血液"补充，技术水平普遍下滑，致使精益建造的成本投入高企；而装配式加工生产线的投用，通过对普通工人进行简易的操作培训，达到快速标准化生产的目的，节约人力、提高精度，顺应行业变革潮流，具有广泛的推广应用前景。

7.1 装配式管道构件机械加工精度控制技术

7.1.1 重难点分析

管道构件加工采用工厂化制作模式，较传统现场制作模式，可大大提升焊接质量和加工精度，但工厂化加工，仍需克服场外加工的不利因素。

1. BIM技术与机电管线工厂化预制技术结合，成功将管道预制生产线引入施工生产，缺少成熟的经验积累；

2. 不同于现场边测量、边放样、边制作安装，场外加工需要克服规避固有的不利因素，比如法兰的对接精度、管道构件尺寸与施工现场的匹配程度等；

3. 生产线各设备加工精度和质量的控制，如法兰垂直度、法兰同轴度、三维异形构件的空间对应关系等。

7.1.2 应用情况

1. 对"边干边量边改"的传统施工方式进行升级

借助 BIM 技术策划，将固定车间式管道预制生产线引入施工生产，实现加工和安装的彻底分离。

预制加工作为装配式施工关键环节之一，预制构件的加工精度直接决定装配施工的实施效果。作为全过程精度控制重要组成部分，加工精度控制，即通过革新工艺、方法，采用新型自动化设备，按构件加工图尺寸制作出满足装配要求的构件，兼顾构件三维尺寸、法兰组对、法兰同轴度、垂直度等因素。

预制构件在生产线上采用自动化设备加工完成，加工生产线形式，如固定车间式管道预制生产线、移动车间式管道预制生产线、橇装场地式管道预制生产线等，根据项目特点、经营理念灵活选择，但预制生产线的基本单元，完成构件加工各工序的自动化设备大同小异，如：管道高效切割带锯床，液压缸同步对中夹紧、内置 V 形辊轮物流，高效率、高精度完成管段切割下料；管道高效端面坡口机，上下同步、自动对中夹紧，硬质合金刀、无需水冷，快速完成焊接端面坡口作业；管道预制快速组对器，高效完成管-管件组对工作，解决法兰构件场外组对难题；管道纵向物流输送系统，作为区域间传输纽带，完成多段、连续、自动输送；平焊法兰自动焊机、悬臂式管道自动焊机、分体式管道自动焊机，分别对组对法兰、管道、非标管件等进行高效、高质量、高精度焊接。

管道预制生产线的应用，实现了法兰组对的工厂化，焊接质量的标准化，使加工构件的精确、标准、统一变得容易实现。预制设备的投用，能够规避掉人为因素、量具因素产生的误差，通过对加工精度控制技术的探索，对操作工人培训、交底，使生产出的构件精度达到工业产品等级，满足装配施工要求。

2. 构件组法兰制作精度分析

装配式施工需要大量的连接法兰，针对机房装配式施工管道试压漏水问题分析，如图 7.1-1 所示。

经过现场实际检测，可以看出漏水点主要因素为：

（1）管道构件法兰盘的连接面不平整，构件连接不能完全密封，需返厂制作，重新安装；

（2）管道构件连接时，垫片位置不正，没有对正法兰密封圈，需更换垫片；

（3）管道构件连接时，紧固螺栓没有完全紧固，导致法兰不能密封。

对于漏水点处理时，采用紧固螺栓和更换垫片操作简单，经济损失小。对于法兰平整度不够造成的返厂制作情况，操作难度大，甚至有些构件无法拆卸，经济损失大，可见法兰组对焊接是装配式施工的核心环节，法兰的焊接质量与精度决定管道安装一次性成功率。

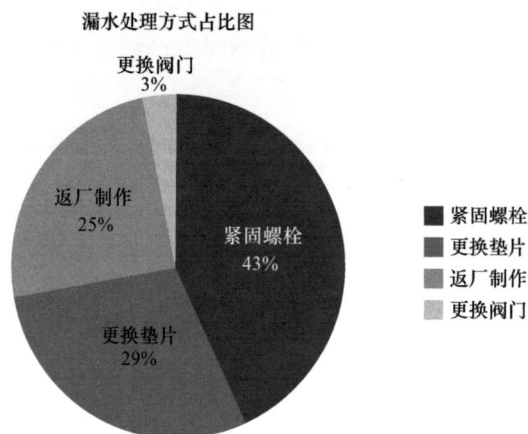

图 7.1-1　漏水处理方式占比图

针对上述问题，总结出装配式施工管构件法兰组对焊接工艺要求及制作精度控制。

7.1.3　精度控制方法

1. BIM 构件图纸精度控制

BIM 建模时，模型中所有设备尺寸、阀门尺寸必须是根据其选型样本 1∶1 进行毫米级精细化建模，确保 BIM 模型的精度。在确定管道分节后，对每一个构件出具加工详图，详图中要明确标注管构件的长度、三通尺寸、弯头尺寸、法兰厚度，并进行平面图和三维图对照，直观形象地反应每一个构件。

2. 工厂预制加工

材料选择，选材主要是对管道的选择，按照设计要求，空调冷水管 DN＜50mm 时采用镀锌焊接钢管丝接，50mm≤DN≤250mm 时采用无缝钢管焊接，DN＞250mm 时采用螺旋焊接钢管焊接。针对现场材料进行抽样测量统计，得出钢管外径误差对管构件焊接一次成功率影响表，见表 7.1-1。

钢管外径误差对管构件焊接一次成功率影响表　　　　　　　　表 7.1-1

编号	管道规格	管道外径实测（mm）	外径误差（mm）	法兰内径实测（mm）	焊接质量
1	Φ529×12	Φ528	1	534	合格
2	Φ529×12	Φ530	1	534	良好
3	Φ529×12	Φ528	1	534	合格

续表

编号	管道规格	管道外径实测（mm）	外径误差（mm）	法兰内径实测（mm）	焊接质量
4	Φ529×12	Φ527	2	534	合格
5	Φ529×12	Φ526	3	534	有气孔
6	Φ528×12	Φ526	3	534	有气孔

针对 DN500 螺旋焊接钢管焊接进行抽样检测，发现若外径偏差大于 2mm，导致法兰组对时管外壁与法兰内壁间隙过大，不利于自动焊接装置焊接，且焊缝成型质量差，间隙大处容易产生气孔。当外径偏差较大时，应先进行打底焊，再利用平焊法兰自动焊接装置进行焊接。

法兰组对，通过构件详图对钢管进行切割下料和剖口，然后进行法兰组对。管构件分为两类，只含直管的标准构件与含三通、弯头的异形构件，其法兰组对方式略有区别。

（1）标准构件组对：先将下好料的直管管外壁画一条脊线（即定位线），移至法兰组对平台。然后根据欲组对法兰的标准体系、规格大小、压力等级，摇动变位翻板上的手轮调整法兰定位销孔至相应位置，安装法兰定位销，一般安装在法兰跨中的前两排，并将构件两端法兰放置于定位销上。接着开启正翻或反翻按钮，使法兰随变位翻板翻转至垂直位置，利用磁性水平尺微调管道与法兰的垂直度（图 7.1-2）。

随后利用升降小车前后左右移动，使最近两螺栓孔中心线与直管脊线重合，并使得管外壁与法兰内圈间隙均匀，保证两头法兰螺栓孔的同心度，螺栓孔中心偏差一般不超过孔径的 5%，后期安装时不会出现构件法兰端面无法平正相互平行与法兰螺栓孔不对应情况。组对好后，应马上进行多点位点焊固定。

（2）异形构件法兰组对：以直管加三通为例，直管构件组对步骤参考标准构件组对方法，然后按照构件详图定位三通位置，以三通中心为三通短管脊线，使其两条脊线正交，画出三通大小并开三通口，三通处短管法兰组对同标准构件组对方法，保证三通处脊线与法兰任意相邻两螺栓中心线重合。当异形构件中含 90°弯头时，其弯头两端短管先按照标准构件组对方法制作，在与弯头对接时，保证弯头两端短管脊线正交，见图 7.1-3。

图 7.1-2　法兰组对平台

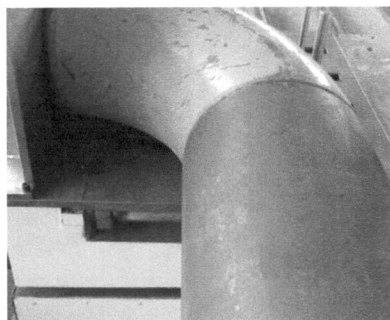

图 7.1-3　弯头组对

3. 法兰焊接

焊接位置，焊枪位置定位于管道顶点至偏下 0°～10°上向焊接位（对应于管道转动方向），垂直法兰平面 15°～75°（根据法兰与管道厚度定角度）。焊枪位置偏下可能导致焊缝两边焊道及收弧焊接接头连接不上。焊枪位置不要处于越过顶点（对应于管道转动方向）的下向焊接位，此位置极易引起焊接熔池包裹药皮，造成焊道夹渣缺陷（图 7.1-4）。

图 7.1-4　焊枪位置调节

摆动位置，焊接前，必须先打开摆动开关进行摆动定位，观察两边摆动的位置与角焊缝边间隙一致，盖面层两边间隙留一个所用焊丝直径宽度。若盖面填充厚度大于 2mm，摆动宽度不要大于焊道宽度，否则极易引起两边焊道夹渣。焊枪摆动速度将影响焊接成形及焊接质量，摆动速度是与焊接规范、构件转动速度、两边停顿时间相关的，经实际观测，以焊接熔池的过渡时间为主，以能保证焊道两边熔池前后各覆盖大半个熔池为宜，两边停顿时间不超过 1s。若摆动速度过慢，会形成"之"字形焊缝；速度过快则极易产生夹渣。

焊接规范，二氧化碳气体流量应以 24～26L/min 为宜，过大或者过小都会造成二氧化碳气体保护不到位。二氧化碳气体使用时必须经加热，防止二氧化碳气体气化而吸附水分，产生气孔。焊丝的干伸长度以 10～15mm 为宜，过长易造成焊接不稳定，二氧化碳气体保护困难；过短则导致熔池不易观察，易堵塞焊枪喷嘴。

焊接完成后，对焊接质量进行外观检查，检查焊缝处焊接的波纹粗细、厚薄均匀规整等，加强面的高度和宽度尺寸应符合标准。焊缝处无纵横裂纹、气孔及夹渣，管内外表面无残渣、弧坑和明显的焊瘤。

7.1.4　应用效果

通过对管道预制生产线加工精度的分析与运用，提高了管道构件焊接加工质量，降低了管路系统渗漏的概率，确保系统安全稳定运行。同时，流水线的推广，可达到快速标准化生产的目的，节约人力、提高精度。

管道构件机械加工精度控制在合理范围，使构件机械加工大面积应用变得可行，进而实现了加工和安装的彻底分离，优化工作界面划分、人员机具配置，减少废气废渣的产生，降低安全作业隐患，施工过程噪声小、无烟尘，达到降本增效的目的。

7.2　设备管道递推施工方法

7.2.1　重难点分析

基于设备管道递推施工的装配式机房施工方法，针对大型复杂设备机房，尤其管道设备大型化、机房面积大型化、施工工艺复杂化（如二次镀锌处理）的设备机房，施工周期长、效率低，安全性和施工质量等无法得到保障而提出的解决方案。其技术难点如下：

1. 设备管道递推施工方法可以借鉴的工程经验较少；

2. 机房内设备种类众多、管道错综复杂，交叉施工、工序衔接协调难度大；

3. 递推施工对精度控制要求高，需有效解决误差累积问题；

4. 精度控制需要设计、预制、装配全过程以及各部门的密切联动配合，合理的控制方法体系及有效的沟通协调至关重要；

5. 精度控制，涉及众多新技术、新设备的运用。

7.2.2　应用情况

递推装配式施工，作为一种新型施工模式，主要内容为"BIM 深化设计＋工厂构件预制＋现场组对安装"；经实践，对其关键步骤，做出如下总结，即深化四套图纸、控制三种精度、注重一个核心，如图 7.2-1 所示。

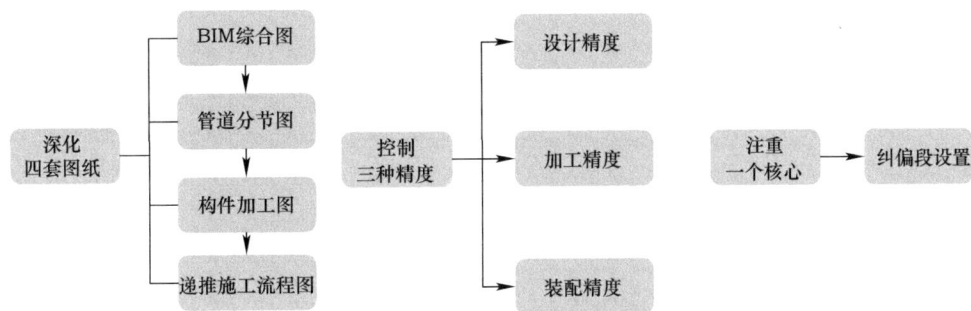

图 7.2-1　装配式施工技术管理体系

将技术管理过程融入装配式施工过程，基于设备管道递推施工的装配式机房施工工艺流程，主要包括图纸设计、预制加工、装配施工三部分，如图 7.2-2 所示。

结合机房内设备布置、管通走向，在平、立面上进行装配区段的划分，通过建立测量控制轴网，确定每个安装区段的基准控制点，点与点之间合理设置纠偏段，多点

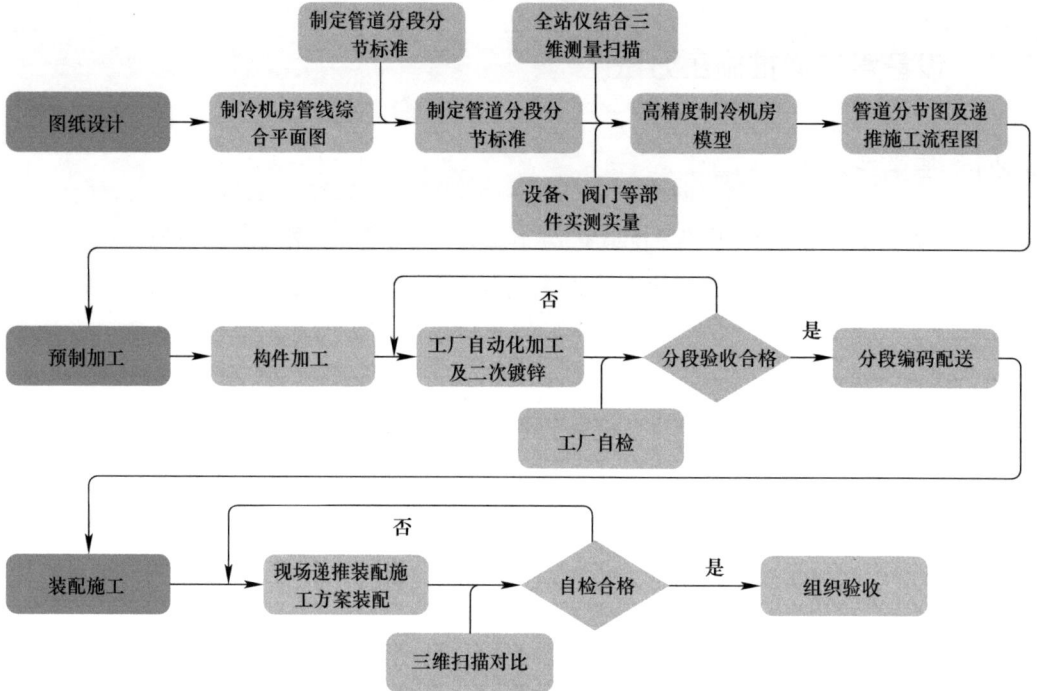

图 7.2-2 基于设备管道递推施工的装配式机房施工工艺流程

并进、点点成线、扩展成面，由上至下，层次递推，合理组织安排管道构件、阀门、设备进场次序，完成整个机房的管道设备安装工作。控制点之间的管道安装根据吊装作业条件选择吊装模块组成，优化机房安装工艺流程。递推施工原理见图 7.2-3。

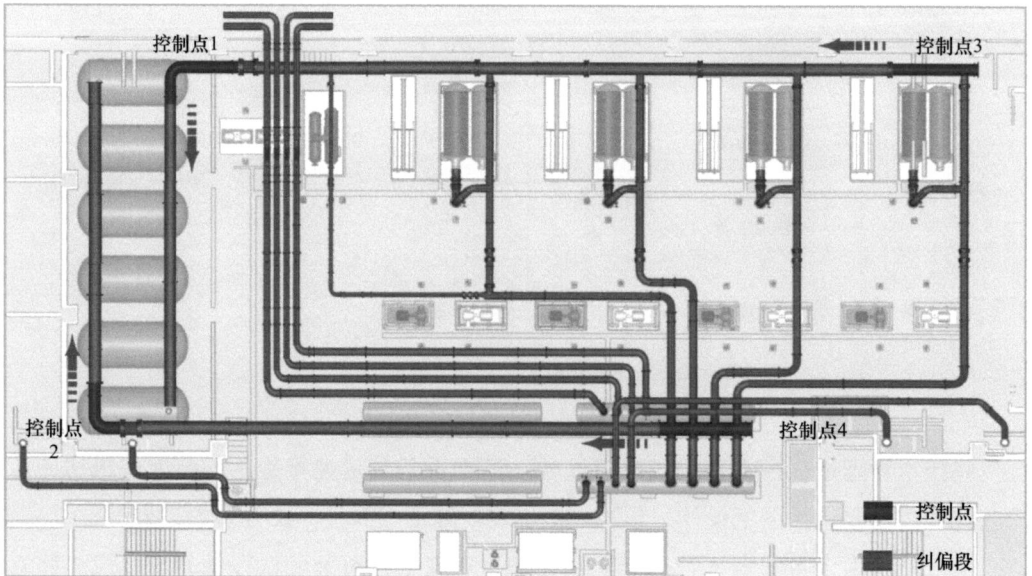

图 7.2-3 递推施工原理

对机房递推装配式施工方案的规划，将机房内机电设备、管道等按区域、标高、施工工艺、专业关系划分为多个安装批次，形成合理有序、层层递推的施工流水组织，并作为控制构件预制加工和材料采购进场的依据。以某制冷机房施工为例，阐述递推施工具体实施过程，机房空调水管道系统施工平面细划为第一~第三施工区段，如图7.2-4所示。立面划分为X、Y、Z施工层级，如图7.2-5所示。区段间平行施工，层级间自上而下流水施工。

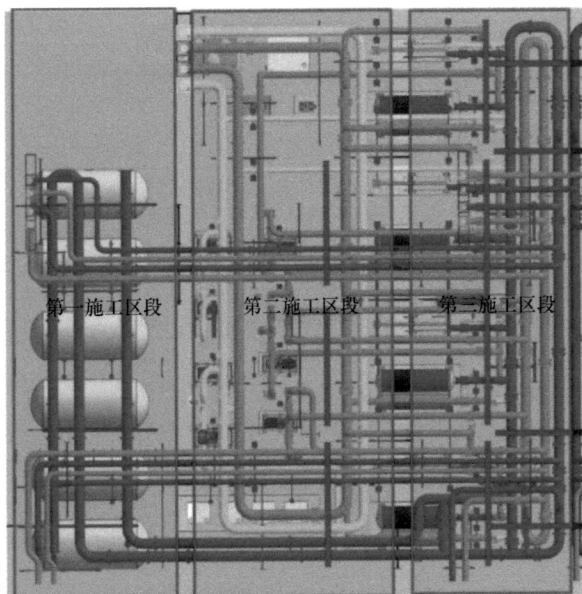

第一施工区段　　第二施工区段　　第三施工区段

图 7.2-4　机房施工区段规划（一）

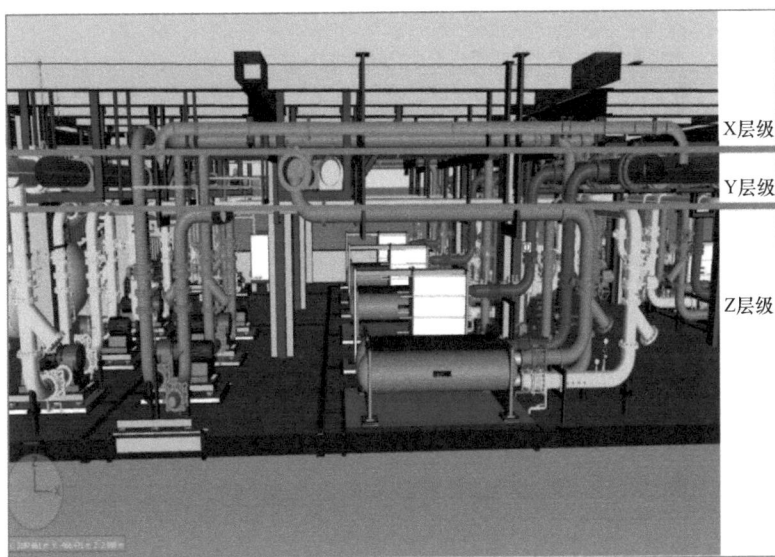

X层级

Y层级

Z层级

图 7.2-5　机房施工区段规划（二）

施工过程中严控安装精度，以第二施工区段 Y 层级为例，以递推施工图为依据，严格控制控制段的三维定位，复核无误后，依照施工流水递推安装后续构件段，如图 7.2-6 所示。

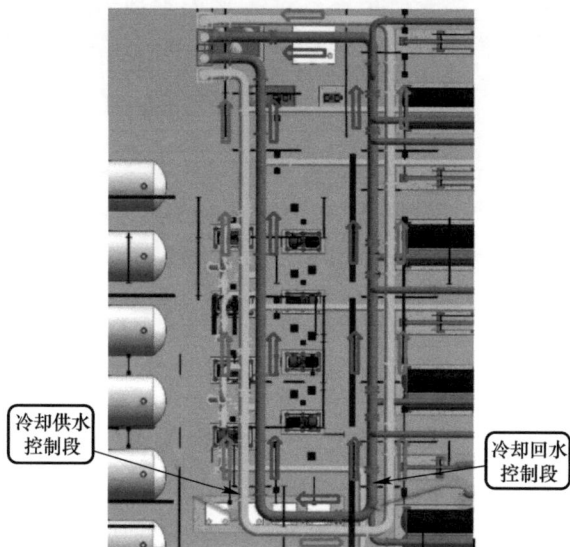

图 7.2-6　机房施工区段规划（三）

关联设备遵照第一～第三施工区段的顺序，如图 7.2-7 所示，在 Y 层级施工完成，Z 层级开始施工前安装就位；Z 层级施工完成后，进行纠偏段的现场制作、返厂镀锌、二次安装。

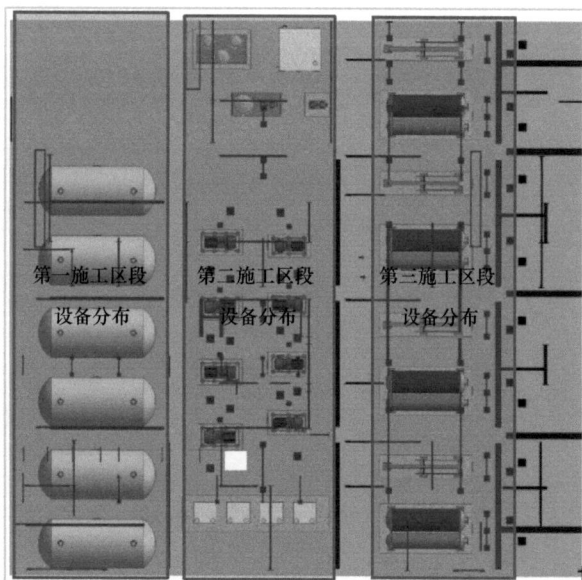

图 7.2-7　机房施工区段规划（四）

递推装配施工过程中，编制《基于设备管道递推施工的装配式机房施工方案》，依据递推施工图规划顺序，合理安排装配施工，并对现场操作工人做好技术交底工作，如图7.2-8所示。

本方法为整个施工过程的核心技术，装配施工的完成度也最终决定了安装产品的质量。因此，装配精度控制也尤为重要，所谓装配精度控制，即在装配施工过程中，采用新方法、新产品，通过优化施工组织、合理设计控制轴网、选择装配控制点，并进行实时的偏差监测，降低装配过程中误差的叠加、累积。

递推装配施工的主要内容包括：递推安装控制点的确定、递推方向及纠偏位置的选择、吊装方式的选择、装配流水规划、制定作业计划、预制支吊架的安装、构件及管道附件安装等。

递推装配施工的关键点如下：

1. 严格安装递推施工规划顺序组织施工；

2. 预制构件吊装前，应对吊装方式进行合理的计算选择，并综合布置吊点位置，宜使用手动捯链与电动捯链相结合的方式进行吊装；

3. 控制点构件装配时，严格按照图纸设计位置就位安装，避免影响与之相连接的后续构件安装。构件安装过程中，有针对性的进行复核，若出现偏移误差，及时分析原因并予以纠正；

4. 后续构件与已安装完毕构件法兰对接时，应完全找平后方可进行螺栓锁紧，避免法兰四周间隙不一导致漏水；

5. 预制构件完全固定在支吊架后，方可拆卸手动捯链或电动捯链，避免因装配未固定导致安全事故。

支架制作 ← 支架制作大样图
支架定位安装 ← 支架定位图
控制段定位安装
定位复测 ← 天宝放线机器人
（N　Y）
构件递推安装
关联设备就位安装
纠偏段现场制作
纠偏段返厂镀锌
纠偏段安装

图7.2-8　递推装配施工阶段工艺流程

7.2.3　应用效果

递推装配式施工方法及装配式精度控制的新方法，运用新型技术手段、新产品、新设备，将机电安装产品精度向工业产品精度等级方向提升，使安装施工一次成型、一次成优，极大提升工程质量和创优潜能。

通过区段细化、精确测控、多点平行、层次递推的装配式机房施工方法，精确定位、递推施工，解决了机房管道安装依赖核心设备就位的弊端，使机房安装工序协调更具灵活性，且具有人力投入少、工期短、机械化程度高等优势。

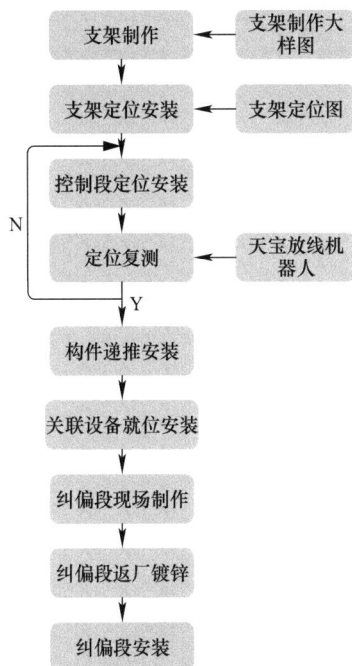

7.3 装配式管道模块化安装技术

7.3.1 重难点分析

机房装配式管道模块化安装的重难点：

1. 结合设备管道递推施工方法，管道分节组合及模块化吊装技术可参考经验少；

2. 不同的施工区域、部位、专业、管道类型，对于分节组合的要求不尽相同；

3. 吊装方式、安装顺序不同，分节组合形式不同（图 7.3-1）。

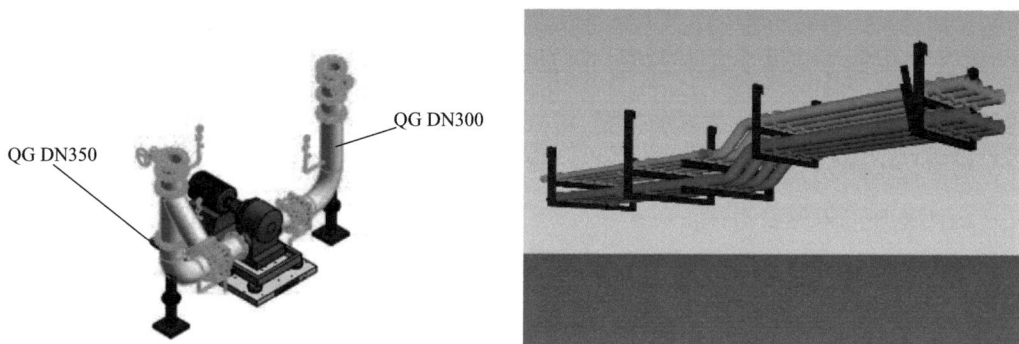

图 7.3-1　不同施工部位模块化形式

7.3.2 应用情况

1. 结合机房设备接管、阀门分布情况、支吊架设置位置等，合理进行机房管道分节，出具构件预制加工图，指导工厂化加工；依据机房回转空间、吊装设备荷载、吊点综合布置情况等，合理进行构件的灵活组合，出具吊装模块图及递推式施工流程图，并运用 BIM 技术进行吊装预演，指导现场安装作业。

重点分析了影响管道分节的因素，如表 7.3-1 所示，用以指导管道分节图的绘制。

管道分节控制重点　　　　　　　　　　　　　　　表 7.3-1

序号	管道分节注意事项
1	在预制加工和运输吊装条件允许的情况下，尽量减少分节，以缩减漏水隐患点的数量
2	管段长度越长，管道热加工变形累积越大，变形控制难度越高
3	构件尺寸越大，异形构件的加工精度控制成本越高
4	工厂自动化加工平台的尺寸，限制构件尺寸
5	镀锌厂镀锌池的尺寸，限制构件尺寸
6	物流化运输过程中，选用的运输设备限制构件尺寸
7	机房空间决定构件的运输、吊装回转半径，限制构件尺寸

综合考虑分节影响因素的基础上，归纳总结机房管道分节通用原则。

（1）长直管道分节，兼顾支吊架设置位置的前提下，按照 $a=(L-A)/(n-1)$ 的原则进行平均分节，使标准构件具有互为替代性的同时，确保每节构件有 $1\sim2$ 个支承架（其中，a 为标准构件长度，L 为管道总长，A 为预设纠偏段或短节长度，n 为支架数量）；

（2）三通管道分节，250mm＜三通支管的长度≤500mm，保证法兰螺栓连接便利性的同时，方便构件运输吊装；

（3）弯头管道分节，按照递推方向，远端弯头直焊法兰；

（4）异形管道分节，异形构件如Z形、U形、45°弯等，加工精度可得到保证的前提下，整体预制，优先安装；加工精度无法得到保证的前提下，现场制作，最后安装；

（5）核心设备接管分节，核心设备处，阀门、管件较多，管道整体性被破坏，管道分节尽量确保管件安装的整齐性，确保观感和操作便利。

2. 结合管道分节组合技术及递推施工规划，设计吊装模块；吊装模块在工厂预制组装后，分组运至吊装现场；针对不同类型、不同安装区域的模块，选择合理的吊装技术，保证设备接管、进出机房接管与各吊装模块精确对接的同时，提升机房的安装效率及操作安全性（图 7.3-2、图 7.3-3）。

图 7.3-2　现场实施（一）

图 7.3-3　现场实施（二）

3. 由于数据机房紧密型空间特性限制，空调立管安装存在空调管道数量多、口径大、管道井空间小等技术难点。通过工程实例，选用倒装法完成管道井立管策划安装工作。

管道井内大口径多管道安装方式选择中，一般有"顺装法""倒装法"两种方式。顺装法为从下往上逐层安装，管道在各楼层间需频繁调运，耗费时间多，管道井空间需求大。结合工程实际，倒装法能够克服以上缺陷，契合现场实际需要，更有利于空调立管的施工安装。

数据机房项目空调冷冻水、冷却水管道采用双面镀锌，施工工期短，管道井施工位置狭小，各类机具布置困难。单栋数据机房有4～6层，空调立管每层设置三通连接每层横向主管，并通过支管引入机房，为每个机房中机组提供冷源支持，保证机组在使用中的运行温度正常。采用BIM＋模块化预制装配式施工技术，将土建、设计、安装、调试等工序进行深度交叉，在土建施工的同时，进行预制装配的深化设计，以及模块预制加工。土建施工完毕后，预制好的模块运往现场进行组装。为确保空调立管三通的点位、标高精准无误，保障各层支管在各楼层走道中位置与模型一致，避免综合管线发生碰撞，安装管道井内大口径多管道时应采用倒装法，其施工装配精度控制要求高，水平、竖直方向点位精准控制至毫米。

从管道出图到倒装法施工安装完成，施工流程如图7.3-4所示。

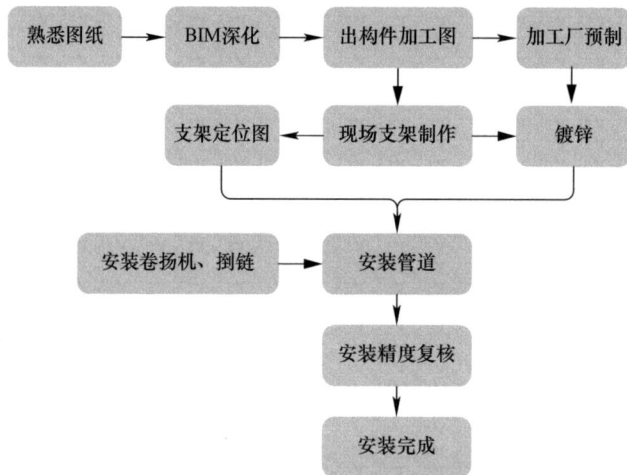

图7.3-4 倒装施工流程图

4. 大口径多管道倒装法施工，人、机、料、法、环对精度的控制：

（1）大口径多管道倒装法施工人员对安装精度的控制

选用施工技术熟练、责任心强，并且有类似大型机房施工经验的一线施工人员，在施工过程中严格遵守操作规章制度，安装过程中对照图纸及BIM模型准确控制安装点位，避免因为人为因素导致安装精度误差过大。

（2）大口径多管道倒装法施工机械对安装精度的控制

管道及构件组场外加工厂焊接加工、双面镀锌，场外焊接加工依据BIM构件图进行预制，加工过程全程采用自动化焊接机器焊接，同时人工复核焊接后构件，误差控制在毫米范围。机械焊接精度高，能够避免因为焊接机械选用不当造成构件组自身产生精度问题，导致现场安装精度不可控以及现场无法安装的现象。镀锌完成后进入现场的管道，需对照 BIM 构件图现场测量，保证精准无误，如发现不合格管道，及时返厂重新加工。

（3）大口径多管道倒装法施工材料对安装精度的控制

立管材料为无缝钢管与螺旋钢管，均选用国标认证材料，其中螺旋焊接钢管为钢板卷焊管道，其管道直径偏差远大于无缝钢管，材料进场后应严格检验其厚度及平直度，对于误差较大的构件及时返厂，保证在使用过程中构件满足设计要求。

（4）大口径多管道倒装法施工方法对安装精度的控制

顺装法存在对管道井空间及管道运输要求高，耗费时间长等不利因素，宜采用倒装法对管道井内立管进行安装，但倒装法也存在一些不利因素。因为立管的管径大，重量大，故各层均需要受力点支撑管道重量，避免在安装过程中安全事故的发生，并且为了保证后期空调系统的正常使用，通过管道上焊接的翼板支撑在每层的支架来实现管道受力。倒装法管道施工第一节管道用管井顶部的卷扬机做牵引，缓慢竖直上升至指定位置，落位后，下一节管道缓缓提升，连接上一节管道，进行法兰螺栓对接，翼板落至设置在楼层内支架上。竖直方向标高完成后，调整管道水平位置。

1）立管竖向空间点位精度控制

卷扬机撤去对管道的拉升力，翼板落至每层的支架后，支架与翼板之间的垫木有可能下沉，这样下一节管道的受力主要承受在与上一节管道法兰连接的螺栓上，导致螺栓拉伸，立管三通标高可能会发生下降，从而影响立管三通竖向位置，导致安装误差大。同时，螺栓拉长，管道法兰间间距变大，增加管道渗漏风险。针对这一问题，需要加强吊装过程中管道安装精度的管控，上一节管道安装完成后，复核其竖向标高，如发现标高问题，可通过调整支架垫木高度进行补救，复核完成后，再进行下一节管道的吊运及拼装。

与此同时，在管道井管道吊装前，根据土建建筑一米线，在管井墙面划定翼板受力点、三通口标高位置，及时对照已划线位置进行安装后点位复核，避免因为标高不精确导致积累误差出现。

2）立管垂直度精度控制

建筑工程机电井道内，为保证管线施工垂直度，常规施工方法为：在顶层和底层安装管线支架，由顶层支架放线至底层支架拉紧，保证管线安装的垂直度，此种方法在实施过程中可能存在以下问题：如中间某层有障碍物影响垂直度及同心度时，无法第一时间发现，后期发现时已无法进行调整（或拆除进行二次安装，增加成本）。为此，采用激光垂准仪，给机电管线安装的垂直度提供保障及便利，如图 7.3-5 所示。

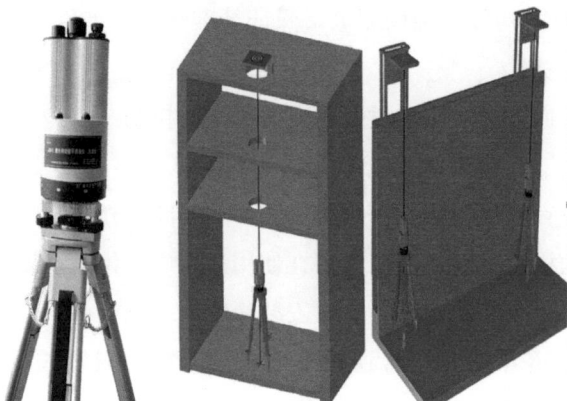

图 7.3-5　激光垂准仪工作图

3）立管水平空间点位精度控制

倒装法管道吊装过程都是通过卷扬机进行吊装，管道存在水平位移的可能性很大。安装前通过红外线、吊线锤等在管道井内划线，对安装完成后每节管道进行水平方向点位复核，与此同时，支架根据 BIM 模型完成后管道吊装前安装，起到水平放线限位作用。三通口方向按照 BIM 模型要求设置，每层管道安装完成后，同竖向空间点位控制，每层复核后方可进行下一层管道的吊装。

（5）大口径多管道倒装法施工环境对安装精度的控制

构件在加工厂焊接过程应做到无应力焊接，避免因为温度变化导致构件组发生轻微变形。管道在运输过程中应注意成品保护，避免出现管道及法兰位置因碰撞导致的歪斜等现象。安装前复核土建预留洞口是否根据图纸点位预留，预留洞口大小是否满足管道安装需求，如发现有问题洞口，需及时修补。

通过施工探索，总结出管道分节的影响因素及通用原则，有效指导管道分节图的绘制，分节组合与模块化吊装技术的运用尝试，整体提升递推施工的效率及操作安全性，缩减了工期，提高了施工质量。

7.4　装配式管道综合误差补偿技术

7.4.1　重难点分析

装配式管道施工过程对精度要求严格，但是装配式实施全过程会出现各种误差，难以规避，所以综合误差补偿技术的应用在精度控制上起到了关键的作用。

1. 新型技术、设备（如三维扫描技术、BIM 技术、工厂化加工）的综合运用，提升了装配式安装的精度，但是无法完全规避误差；

2. 误差的种类多样（如结构误差、设计误差、加工误差、安装误差），且过程中可能会出现两种以上的误差累积、叠加；

3. 误差的表现形式多样，如安装过程中沿 X、Y、Z 轴方向的位移误差及角度误差，有效控制误差，是装配式管道施工的关键环节。

同时，纠偏段的位置和数量，关乎装配式施工的进度及施工连贯性。合理地选择纠偏段的设置位置，减少、合并部分纠偏段，合理缩短纠偏段的尺寸，明确各装配模块之间、装配模块与各型设备之间的递推关系，科学规划纠偏方案，有利于提升一次装配完成率。

7.4.2 应用情况

为满足装配式施工精度要求，建立严格的精度控制体系，最大限度地减小误差累积，如图 7.4-1 所示。

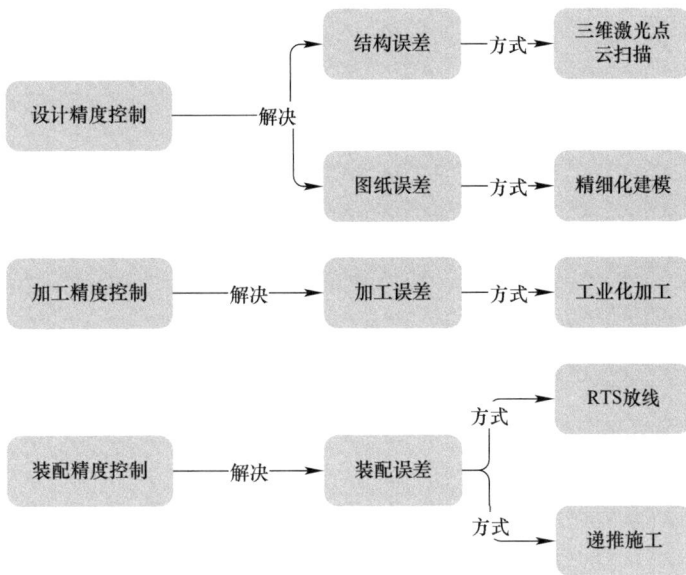

图 7.4-1 装配式施工精度控制体系图

如上所示，装配式施工精度控制体系，为包含设计精度控制、加工精度控制、装配精度控制的精度控制方法体系。所述设计精度控制是通过三维激光点云扫描、精细化建模来提高设计精度，三维激光点云扫描用以解决建筑施工出现的结构误差问题，精细化建模用以解决因建模误差大而导致的图纸误差问题；加工精度控制是通过工厂工业化加工来解决构件预制过程中出现的加工误差问题；装配精度控制是通过 RTS 放线、递推施工来解决施工过程中的装配误差问题。

1. 以装配精度控制为例

RTS放线应用，即采用BIM与机器人全站仪结合应用的放样方案，施工放样初始阶段，预先将3D模型导入平板电脑中。在模型中识别来自现场的勘测点（如埋设的控制基准点或控制轴网交点），并用RTS在现场和模型中进行定位。RTS定位完成后，操作员可以参照RTS的位置预览平板电脑上的模型，并选择某些点（装配控制点）进行放样。在选定放样点之后，RTS将测出其与所选点之间的精确距离，然后通过前/后或左/右的指示方向引导用户将控制构件移动至放样点，完成某一控制点的定位工作。如此，可快速将BIM模型空间坐标放样为实物坐标，完成相关装配件的精确定位，如图7.4-2所示。

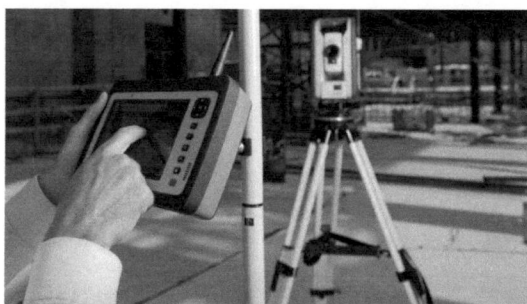

图7.4-2　RTS现场放样

控制点构件就位后，则按照递推施工图设计的施工方案，逐层、分区域完成构件的现场拼装工作。为优化装配进度，提升装配精度，依据实际情况，控制点之间的构件、管件、设备等可采用或部分采用模块化递推施工方案，通过合理设置模块集成，让吊装模块在工厂预制并组装好，分组运输至吊装现场，减少现场的组装作业量，提高装配精准度。至于装配误差的检测，则可以通过设置检测构件的方式，利用机器人反向测量检测构件的坐标，并与模型坐标对比，判断装配误差程度；或者利用三维扫描仪进行阶段性扫描，利用点云处理软件比对扫描数据与施工模型的误差，随时跟踪设计模型与实际施工的差异。实时的偏差检测，能最大限度地降低施工过程中误差的叠加、累积。

以目前的生产技术条件，有效的精度控制及管理，尚不能完全规避构件应力形变、二次镀锌等因素造成的误差累积，甚至于设计、加工和装配阶段也会产生随机性偏差（各环节中严格精度控制标准，累计误差≤5mm），因此，需要补偿综合性误差，设置纠偏段即为最直接、有效的方式。纠偏段是在递推施工规划阶段就明确下来的，通过现场测量制作而用于补偿综合累积误差的特殊构件。通过纠偏段的合理规划、布置，实现装配构件、设备的完美、可靠拼装。递推施工图为装配精度控制和纠偏补偿提供基准依据。装配精度控制，作为装配施工的关键环节，装配流程设计，控制点、纠偏段位置的选择，甚至检测构件选择的合理性，直接决定了施工中的误差累积，以及提升定位和实时监测的方便程度。

2. 进行装配式施工中纠偏段设置合理性分析，并总结纠偏段设置原则如下：

（1）纠偏段数量直接决定项目一次装配率，影响装配施工的进度及连贯性，在保证精度的前提下减少纠偏段数量，压缩纠偏段尺寸，即可缩短工期，降本增效；

（2）纠偏段一般设置在弯头处，如设备的下接弯管处、出机房立管处等，慎重设置在三通处或异形构件处（考虑二次拆装及现场加工精度控制较差）；

（3）纠偏段设置在方便施工的位置，避免设置在设备或下层管道上方，而影响焊接、拆装作业；

（4）设置的纠偏段不能为了纠偏而纠偏，防止出现越纠越偏，纠偏段需与控制点（或固定设备）配合出现，协调统一，如图7.4-3所示。

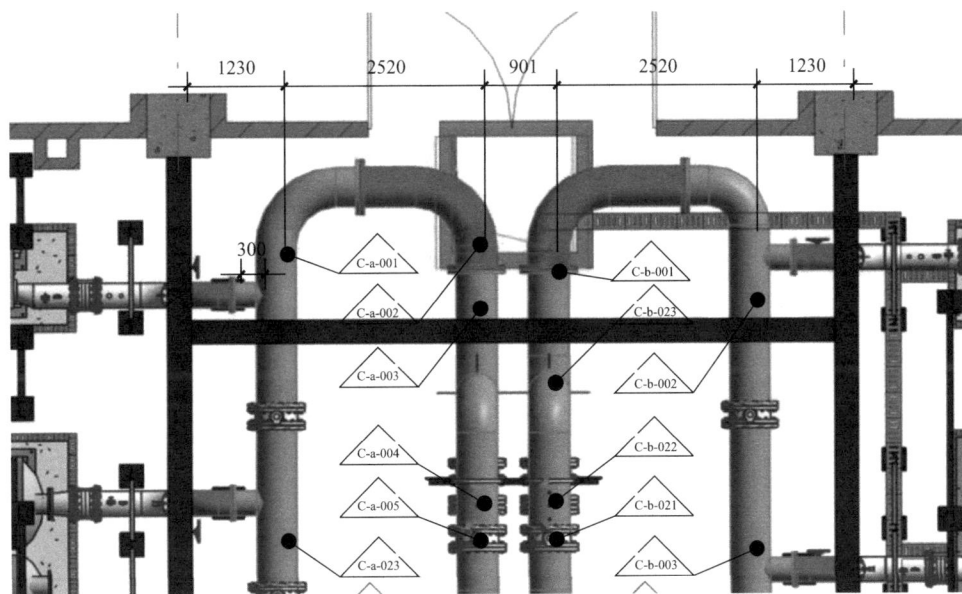

图7.4-3　纠偏段示例

7.4.3　应用效果

本数据机房采用装配式施工精度控制体系，最大限度减少误差累积，针对无法规避的综合误差，总结出纠偏段补偿误差技术，提升装配式施工的普适性；通过合理减少纠偏段，提高一次装配完成率，提升装配式施工的科学性、经济性、可操作性；解决目前的生产技术条件尚不能规避的误差累积问题（如构件应力形变、二次镀锌等因素），乃至于设计、加工和装配阶段产生随机性偏差问题，通过纠偏段的合理规划、布置，都能实现装配构件、设备的完美、可靠拼装。

第三篇　机房室内精装修施工技术

机房室内装修应选用气密性好、不起尘、易清洁、符合环保要求、在温度和湿度变化作用下变形小、具有表面静电耗散性能的材料。相较于一般建筑的装修做法，机房装修更侧重于一个非常严格的操作环境，保证设备正常运作，因此计算机机房的基本结构要达到防尘、抗静电、阻燃、绝燃、信号屏蔽、防漏水、隔热、保温、降噪等要求。

一般建筑与机房室内装修做法对比

类型	一般建筑		数据机房	
	做法		做法	
墙面	涂料是最常见的墙壁装饰材料，广泛应用于各类室内空间。它有多种颜色和光泽度可选，施工简单方便，覆盖力强。适用于住宅、商业建筑、办公室等。 瓷砖是一种防潮、耐用的墙面装饰材料，通常用于厨房、卫生间、走廊等湿度较高、易受污染的区域。 石材墙面能够营造出高贵、永恒的装饰效果，常见的有大理石、花岗石、板岩等。石材具有天然的质感和纹理，适用于高档住宅、商务场所等空间。 玻璃墙面透明度高且光线穿透性好，能够增加空间的明亮感。适用于办公室、商场、展示空间等需要充足光线的场所。 装饰板材包括刨花板、密度板、中纤板等，可经过抛光、漆面等处理，使其具备丰富的颜色和表面效果。适用于家居装修、商业场所等需要平整表面和多样化效果的区域		根据机房的整体风格和设计要求，选择合适的墙面颜色。一般机房墙面以白色或浅灰色为主，以减少对工作人员视线的干扰，同时提高整体视觉效果。 计算机系统可靠运行要依靠数据机房严格的环境条件（机房温度、湿度、洁净度及其控制精度）和工作条件（防静电性、防火性等）	蜂窝铝板墙面、烤漆玻璃墙面

类型	一般建筑		数据机房	
	做法		做法	
顶面	石膏板是以建筑石膏为主要原料制成的一种新型轻质板材。具有保温隔热、阻燃、可锯可钉、调湿、美观、环保、防虫蛀等优点。 硅酸钙板以无机矿物纤维或纤维素纤维等松散短纤维为增强材料。具有防水性能好、强度高、尺寸稳定、隔热隔声、使用寿命长等优点。 铝扣板是以铝合金板材为基底，通过开料，剪角，模压成型而制成的环保装饰板材。具有防潮、防油污、阻燃、美观、运输方便、使用寿命长、环保、无毒无味等优点。 矿棉吸音板亦可简称为矿棉板，是一种变废为宝、有利环境的绿色建材。具有吸声、不燃、隔热、环保、抗菌防霉、装饰效果好等优点		主机房内顶棚的装修应满足使用功能要求。吊顶宜选用不起尘的吸声材料，颜色以淡色调为主。 机房中大量的机器设备，会产生高热量和噪声，所以数据机房的天花材料要求防火、隔热隔声、吸声降噪、防尘、美观且易于拆卸	穿孔石膏吸声板、铝合金吸声微孔板
地面	地面材料种类繁多，可大致分为地砖、木质地板、地毯、地胶、水泥自流平和环氧地坪等。 瓷砖是最常见的地面材料之一，款式多样，可以满足不同消费者的需求。具备环保、易清洁保养的特点，还具备防火、防水、防腐的性能。 木质地板是以木质材料为主要制作材料的一种地板，常见的有实木地板和复合地板。既美观又耐用，并且清洁起来也很方便。 水泥自流平是一种用于找平的工艺。它是将水泥倒在地面，并让其自由地扩散和流动，以此来实现整个房屋地面的平整和光滑。具有耐磨、耐压和一定的弹性，同时还可以防止潮气侵蚀，适用于潮湿的环境下使用。 环氧地坪是一种地板材料，主要由环氧树脂和固化剂组成。具备高强度、耐磨性好、外观美观等优点		主机房采用的地板表面应是导静电的，严禁暴露金属部分，还应满足使用功能要求。地板或地面应有静电泄放措施和接地构造	防静电活动地板、防水防静电环氧地坪、防水防静电现浇水磨石地坪

第8章 数据机房墙面施工技术

8.1 蜂窝铝板墙面施工技术

8.1.1 蜂窝铝板特点

蜂窝铝板是结合航空工业复合蜂窝板技术而开发的金属复合板产品系列。其采用"蜂窝式夹层"结构，即以表面涂覆耐候性极佳的装饰涂层的高强度合金铝板作为面、底板与铝蜂窝芯经高温高压复合制造而成的复合板材。

铝蜂窝芯具有尖锐、清晰的孔壁，没有毛刺，适合高质量的芯复合板材，可分散承担来自面板方向的压力，使板受力均匀，保证了面板在较大面积时仍能保持很高的平整度（图 8.1-1）。

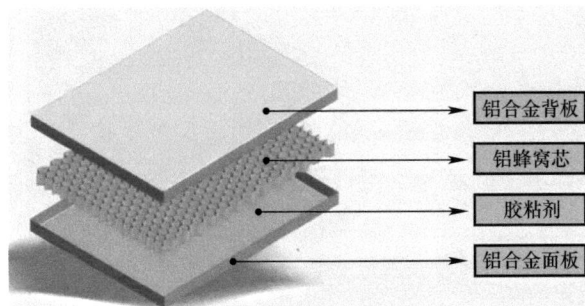

图 8.1-1 蜂窝铝板结构

8.1.2 施工流程

1. 施工工艺流程

现场放线→现场按照实际数据进行分格排版→结合现场二次深化铝板拼装排版图→BIM 建模→确定铝板样式→下料模型→蜂窝铝板加工→厂家预拼装→基层龙骨安装→蜂窝铝板挂装→检查安装。

2. 铝板加工、预拼装要点

（1）铝板厂家根据下料模型对铝板进行定制加工，每块铝板均要焊接打磨处理，既要保证焊接处表面的圆滑，又要确保整板面的顺滑。

（2）铝板加工完成后在工厂进行预拼装，检查铝板拼接处是否吻合，过渡是否自然，整体造型能否达到预期效果。

（3）预拼装完成后，应由专人检查铝板的标志铭牌、尺寸、外观质量、位置和数量等。

3. 龙骨安装与蜂窝铝板挂装要点

要达到上述的蜂窝铝板价值目标，在主要材料施工过程中，无论是在刚开始下料阶段，还是在产品的过程控制安装中，都必须严格遵守每道工序流程，才能达到预期效果，主要有以下几点：

（1）对基层主次龙骨安装精度的过程控制要求高，次龙骨型材龙骨原材厚度精度必须符合要求，严格控制龙骨的垂直度、平整度，否则蜂窝铝板无法安装。

（2）对饰面蜂窝铝板加工要求很高，蜂窝板厚度必须一致，平整度、顺直度及铝板色差情况，必须严格把控。材料进场时做好成品保护工作。

（3）所有蜂窝板铝板折边开孔位置、间距必须完全一致。安装时从一个方向顺序安装。

（4）材料及龙骨基层要求都能严格控制到位，在安装时就能加快安装进程，缩短工期，降低生产成本。

4. 铝板折边、挂孔技术要点

在蜂窝铝板面板采用 1mm 铝板，蜂窝板面铝板加宽折边，折边宽度为 30mm，折边开孔深度为 12mm，上下间距为次龙骨间距，蜂窝铝板可通过折边直接与次龙骨进行挂装密拼。

8.2 烤漆玻璃墙面施工技术

8.2.1 烤漆玻璃简介

烤漆玻璃，是一种极富表现力的装饰玻璃品种，可以通过喷涂、滚涂、丝网印刷或者淋涂等方式来体现，多用于形象墙、私密空间等。

烤漆玻璃根据制作的方法不同，一般分为：油漆喷涂玻璃和彩色釉面玻璃，其中，彩色釉面玻璃又分为低温彩色釉面玻璃和高温彩色釉面玻璃。油漆喷涂玻璃，色彩艳丽，多为单色或者用多层饱和色进行局部套色，常用在室内，在室外经风吹、雨淋、日晒之后，一般都会起皮脱漆。而彩色釉面玻璃上可以避免以上问题，但低温彩色釉面玻璃会因为附着力问题出现划伤、掉色现象。

8.2.2　施工流程

1. 墙面烤漆玻璃工艺流程

测量放线→后置预埋件安装→竖向主龙骨安装→横向次龙骨安装→龙骨隐蔽验收→烤漆玻璃加工→铝边框安装→镶挂烤漆玻璃、安装铝扣片→墙面清洗→检查验收。

2. 测量放线

（1）由于墙体施工允许误差较大，而墙体装修施工精度很高，所以烤漆玻璃墙面的施工基准不能依靠土建基准线，必须由其基准轴线和水准点重新测量复核与定位。

（2）首先使用水准仪和经纬仪放出墙面水平控制线、竖向控制线，根据墙面烤漆玻璃分格弹出膨胀螺栓位置线、龙骨位置线及烤漆玻璃分格布置线。主龙骨竖向布置随玻璃分格宽度间距 1800mm，次龙骨水平布置随玻璃分格高度间距 1000mm。

（3）放线定位后对标志控制线定时校核，以确保垂直度和龙骨位置的正确。

3. 后置预埋件安装

后置预埋件固定采用 M10×100mm 膨胀螺栓将 200mm×150mm×8mm 镀锌钢板与混凝土结构楼板连接牢固。

4. 竖向主龙骨安装

将加工好的竖向主龙骨口 80mm×80mm×4mm 镀锌方钢用 E43 焊条满焊固定于预埋钢板和墙面加固钢龙骨上，间距随玻璃分格宽度安装。

5. 水平次龙骨安装

水平次龙骨口 60mm×40mm×3mm 间距随玻璃分格高度安装，主龙骨与次龙骨连接为现场施焊，应上下满焊连接。主、次龙骨安装完工后应由监理单位进行隐蔽工程验收，焊点处补刷两道防锈漆，方可进行下道工序施工。

6. 烤漆玻璃加工

烤漆玻璃加工采用玻璃厂家直接加工的方式，根据现场排版尺寸，编制玻璃加工单，玻璃厂家根据加工单加工玻璃。

7. 铝边框安装

L 形铝边框采用自攻钉与横纵向钢龙骨固定。

8. 镶挂烤漆玻璃、安装铝扣片

将加工好的烤漆玻璃嵌入铝边框料中，贴上密封条，并扣上铝扣片。烤漆玻璃安装应按照从下向上的顺序进行。

9. 墙面清洗、验收

墙面烤漆玻璃镶挂完毕后，墙面及现场应及时清理干净并报监理单位验收。

10. 主要细部做法说明

（1）墙面阳角部位采用铝合金圆弧条作圆弧处理。

（2）墙面消火栓采用暗装处理方式，做整体烤漆玻璃门。

（3）墙面根部做砂钢踢脚，并设置防撞杆。

（4）墙面留缝处理：横向留缝 3mm，纵向留缝 20mm，并在安装铝边框前留缝中垫 70mm×4mm 铝合金装饰条，与铝边框一起采用自攻钉与横纵龙骨固定。

第9章 数据机房顶面施工技术

9.1 铝合金吸声微孔板施工技术

9.1.1 简介

铝合金微孔板吊顶是一种常见的机房装饰材料，它具有良好的隔热、隔声和防尘性能，同时还具备美观大方的外观。

9.1.2 施工工艺

施工工艺流程

基层弹线→安装主龙骨吊杆→安装主龙骨→安装边龙骨→安装次龙骨→安装铝合金板→饰面清理。

1. 基层弹线：根据楼层标高水平线，按照设计标高，沿墙四周弹顶棚标高水平线，并找出房间中心点，并沿顶棚的标高水平线，以房间中心点为中心在墙上画好龙骨分档位置线。

2. 安装主龙骨吊杆：在弹好顶棚标高水平线及龙骨分档位置线后，确定吊杆下端头的标高，安装预先加工好的吊杆，用膨胀螺栓将吊杆固定在顶棚上，吊筋间距控制在 1200mm 以内。

3. 安装主龙骨：主龙骨一般选用轻钢龙骨，间距控制在 1200mm 以内，安装时采用与主龙骨配套的吊件与吊杆连接。

4. 安装边龙骨：按顶板净高要求在墙四周用水泥钉固定 25mm×25mm 烤漆龙骨，水泥钉间距不大于 300m。

5. 安装次龙骨：根据铝扣板的规格尺寸，安装与板配套的次龙骨，次龙骨通过吊挂件吊挂在主龙骨上，当次龙骨长度需多根延续接长时，用次龙骨连接件，在吊挂次龙骨的同时，将相对端头进行连接，并先调直后固定。

6. 安装铝合金板：铝扣板安装时在装配面积的中间位置垂直次龙骨方向拉一条基准线，对齐基准线向两边安装。安装时，轻拿轻放，必须顺着翻边部位顺序将方板两边轻压，卡进龙骨后再推紧。

7. 饰面清理：铝扣板安装完后，需把板面全部擦拭干净，不得有污物及手印等。

9.2 穿孔石膏板施工技术

9.2.1 穿孔石膏板特点

在项目运行过程中，新风机房、排风机房、空调机房等功能房间，存在的最大问题就是噪声，主要包括机组运行时发出的噪声、风机运转的噪声以及机械震动通过地面再辐射形成的噪声等。为了改善操作人员的工作环境及保证降噪效果，房间吊顶采用穿孔石膏板吸声板。

穿孔石膏板，又称穿孔石膏吸声板，是一款采用高强度特质基板，按照不同孔型设计，经过高密度穿孔，背覆具有透气性的吸声膜而形成的一种具有声学性能的穿孔吸声板，吸声隔声性能优越。

9.2.2 施工工艺

施工准备→弹线定位→安装结构骨架→安装穿孔石膏板→板缝处理→饰面处理。

1. 施工准备

确认水电及设备的管线预留等工作是否已基本完成，并符合设计要求。根据现场实测和设计图纸的要求，进行施工材料及工具的准备等。

2. 弹线定位

根据设计图纸要求，在墙柱面上弹出标高线，在楼板底弹出吊杆的布置点控制线。

3. 安装结构骨架

在吊杆位置钻孔，用膨胀螺栓将吊杆与楼板结构相连接，用吊挂件将主龙骨与吊筋连接；之后依次完成边龙骨、次龙骨和横撑龙骨的安装与固定。

4. 安装穿孔石膏板

将穿孔石膏板，用镀锌自攻螺钉固定在次龙骨和横撑龙骨上，钉距要合理，钉头嵌入石膏板内 0.5～1mm，顶帽处涂刷防锈漆，并用腻子抹平。

5. 板缝处理

（1）如果选用的是免涂装类型的穿孔石膏板，板材拼缝的位置通常会使用金属条嵌缝处理。

（2）若选用需要进行涂装饰面的穿孔石膏板，则需要用嵌缝腻子将板缝嵌满，选用合适宽度的接缝纸带，用胶粘剂或白乳胶将接缝纸带粘贴在嵌缝完毕的拼缝上，要盖过板缝一定距离。

6. 饰面处理

如果选用的不是免涂装类型的穿孔石膏板，则需要进行饰面处理。将调制好的腻子或成品腻子进行批刮，一般批刮打磨三次。腻子完工后要在石膏板表面涂饰涂料，一般用滚筒刷或喷涂机进行涂饰。

7. 注意事项

（1）穿孔石膏板安装连接时，宜采用十字交叉的方式以确保穿孔的连续性。对于连接处，不要用腻子覆盖穿孔位置，若覆盖需尽量铲除干净。

批刮腻子时需要注意腻子的接槎及收头，在每层腻子干后，都要用砂纸机进行打磨处理。

（2）可以选用不同类型的油漆，但是选用材料不应该降低其吸声质量。

第10章 数据机房地面施工技术

10.1 防水防静电环氧地坪施工技术

10.1.1 施工背景

静电是数据机房发生最频繁、最难消除的危害之一，它不仅会引起设备误操作或运算错误，还会导致某些元器件被击穿或损坏。同时，想要完全消除静电几乎是不可能的，但我们可以在主机房、空调区等功能房间采用防水防静电环氧地坪来控制静电，使其不产生危害。

10.1.2 施工工艺

基面处理→防水施工→细石混凝土→基层处理→底漆涂装→铺设铜箔及接地→涂装导电层→面漆施工。

1. 基面处理

研磨：一般基面都需要研磨处理，研磨处理可以去除地坪表面的浮灰、污渍及松动层，并可做成糙化基面以提高附着力的作用。

2. 防水施工

基层处理完成之后，涂刷 2mm 厚聚氨酯防水层（两道），上返 300mm。

3. 细石混凝土

防水施工完成后，浇筑 C25 细石混凝土，随打随抹平，强度达标后对表面进行打磨或喷砂处理。

4. 底漆涂装

选用高渗透环氧底漆，滚涂一道。底漆渗透性好，可渗透到基面的毛细孔内部，以达到极佳的附着力，并可提高基面强度。

底漆涂装是基面处理后的第一道工序，也是地坪涂装中重要的基础工艺。底涂施工前需确认基面已经达到施工要求，按照正确比例配制底涂料。施工用量为 $0.2 \sim 0.3 \mathrm{kg/m^2}$，使用辊筒涂装底漆，注意不可漏涂，也不可一次涂刷太厚，涂装过底漆的基面，应检查是否有漏涂或发白现象，必要时可涂装第二道底漆或者补涂漏涂及发白区域。施工完毕后，需清洗施工工具，封闭现场，张贴悬挂醒目标示，做好现场保护工作。

5. 铺设铜箔及接地

先根据接地桩（建议采用原有建筑结构柱做接地极）的位置，把已经连接上导线并串联 1MΩ 安全电阻的铜板或不锈钢板（规格 60mm×120mm）粘贴到地面上，然后以 12m×6m 为间隔，铺设铜箔，并把铜箔连接到接地端子上。

6. 涂装导电层

选用水性导电底漆，使用短毛辊筒滚涂一道，用量 $0.05kg/m^2$；干燥后使用 PC27-4 型电阻表测试电阻，电阻在≤104Ω 范围内，方可进行下道工序。

7. 面漆施工

涂装面层前应了解施工期间的天气状况，避免在高湿高温、低温条件下施工。

选用无溶剂防静电环氧地坪漆作为面漆。确认基面符合施工要求，门窗及必要关闭的通风口已关闭，并做好相应的现场防护工作；确认施工环境温度高于露点 3℃ 以上，地面无结露现象。

配料前要先将各组分精确称量、充分搅拌，以免发生因沉淀分层造成的色差、配比错误等状况。

把搅拌好的地坪漆倒在地面上，使用锯齿镘刀均匀镘涂，控制好刮涂厚度，并注意防止漏料堆积。在已经刮涂好环氧地坪面漆的部位，使用针刺辊筒，及时进行放气处理，以免出现气泡隐患，并起到辅助流平的作用。

10.2　防水防静电现浇水磨石地坪施工技术

10.2.1　施工背景

防静电水磨石工艺是一种新型工艺，它采用无机导电材料、工艺特殊，防静电性能稳定，安全可靠，耐磨持久。同时防静电水磨石工艺不起尘、洁净度高；洁净度满足制药、芯片制造等高洁净环境的要求；不燃、耐老化、耐污损、耐腐蚀、无异味、无任何污染；适用于网络传输机房、主机房等有防静电要求的功能房间。

10.2.2　施工工艺

基层处理→防水施工→铺设防静电接地金属网→浇筑细石混凝土（内掺导电粉）→敷设装饰分格条→面层施工→试磨→粗磨→抹浆及养护→细磨→磨抛光及养护。

1. 防水施工

基层处理完成之后，涂刷 2mm 厚聚氨酯防水层（两道），上翻 300mm。

2. 铺设防静电接地金属网

导电网采用 40×4mm 镀锌扁钢，根据机房面积组成网格。在施工时要将扁钢调直、横向贯通、纵向切断，并将两端与横向进行可靠焊接。同时静电导泄网的出线端要与主楼独立的接地干线相连接（图 10.2-1）。

图 10.2-1　现场施工图

3. 浇筑细石混凝土

浇筑 C25 细石混凝土，内掺导电粉，表面随打随抹平。

4. 敷设装饰分格条

找平层铺设完成 24h 后，敷设装饰分格铜条。将铜条按照设计分割模数进行嵌条，铜条与导电地网之间的剖面距离不应小于 10cm，以白水泥砂浆沿铜条方向满铺固定。分格条施工完成后，按照图纸设计位置等标高镶嵌接地铜端子，镶嵌完成后进行养护。

5. 面层施工

面层为中灰度水泥白色石子，表面磨光打蜡。待固定铜条的砂浆达到强度后方可铺水磨石拌合料。铺设拌合料之前，将基层清扫干净，刷素水泥结合层一道，然后进行铺设。铺设时先铺分格条边，后铺中央。用抹子压实、抹平，为确保出石率，抹平后撒干石粒一道，然后用铁滚碾压 2～3 遍，至出浆满足要求。

6. 试磨

根据气温情况确定养护天数，温度在 20～30℃ 时，2～3d 即可开始机磨，过早开磨会导致石粒易松动；过迟则磨光困难。所以需要进行试磨，以面层不掉石粒为准。

7. 粗磨

第一遍用 60～90 号粗金刚石磨，磨石机机头在地面走横 "8" 字形，边磨边加水，随时清扫水泥浆，并用靠尺检查平整度，直至表面磨平、磨匀，以及分格条和石粒全部露出，用水清洗晾干，然后用较浓的水泥浆擦一遍，特别是面层的洞眼小孔隙要填实抹平，脱落的石粒应补齐，浇水养护 2～3d。

8. 细磨

第二遍用 90～120 号金刚石磨，要求磨至表面光滑为止，然后用清水冲净，满擦第二遍水泥浆，养护 2～3d。

9. 磨光

第三遍用 320 号细金刚石磨，磨至表面石子显露均匀，无缺石粒现象、平整、光滑、无孔隙为止（图 10.2-2）。

图 10.2-2　施工完成效果

10.3　防静电架空地板楼面施工技术

10.3.1　施工背景

防静电地面是数据中心重要的组成部分，目前常用的是防静电架空地板，空调通风系统在地板下面进行送风冷却设备，地面作保温处理，达到最高的节能效率。防静电通风板布置灵活，可以进行精准送风，以冷却相关设备。同时，防静电架空地板下面使用线缆桥架对电缆进行合理布置，使空间的使用效率达到最高，并且便于后期维修。

10.3.2　施工工艺

基面处理→细石混凝土→环氧稀胶泥→环氧地坪漆→架空地板施工。

1. 地面预处理

机房抗静电地板安装工程中，地面预处理十分关键，在铺设地板前必须对地面进行预处理，首先刷素水泥浆（内掺建筑胶）一道，抹平机房地面，浇筑 C25 细石混凝土，随打随抹平，地面基础处理至平整、光滑、没有明显的坡度和不平，再刷环氧稀胶泥一道，水性环氧地坪漆一道，起防潮、防霉作用。

2. 拉水平线

地面弹方格网线，弹线要反复校正。在机房四周墙面安装角钢支架，地面按弹线铺设金属屏蔽网（50mm×0.1mm 紫铜片），金属屏蔽网与机房接地铜排相连，组成一个完整的机房屏蔽系统，具有接地、抗静电、抗干扰的作用。

根据房间平尺寸和设备布置情况，按活动地板块模数，制定铺设方案，并选择合理的铺设方法，应遵循以下原则：

（1）如室内无控制柜等设备，几何尺寸符合活动地板块模数时，宜由内向外铺设。

（2）如室内平面尺寸不符合板块模数，应找到室内两个方向的中心点，对比两边尺寸相差多少，若相差较小，宜由外向内铺设；若相差较大，宜进行对称分格，由内向外铺设。

（3）如室内地面上无控制柜等设备（要留洞时），其铺设方向和先后顺序应综合考虑。

（4）根据设计要求确定铺设高度。

综合上述，铺设方法确定后，要进行找中、套方、分格、定位放线工作，既需要把分格线标弹在地面上，又要把标高线标弹在四周墙壁上，以便于施工时操作控制。

3. 接地铜排

首先要在地板下方铺设一层铜箔，用于和地板的充分接触，其次把铜箔铺设到墙边时，汇集几个点接到接地线上（3～5个点最佳，防止在使用过程中有的点断开），接地线的另一端要连接一个接地柱，接地柱最好能埋在地面50cm以下的深度，这样才能使地板起到静电释放的作用。结合布线系统的设计及施工，在地面架空安装强弱电走线线槽及接地铜排，强弱电走线线槽之间距离应大于30mm。

4. 铺设防静电地板

地板支撑脚直接安装在50mm×0.1mm紫铜片上方。敷设地板时，用水泡水平仪逐步找平，高度靠可调支架调节，相临地板间不得有缝隙，安装有较重设备的地板下部加强支撑。地板板面标高300～350mm，具有足够空间形成地板下净压风库。铺设活动地板块并调整水平高度，保证四角接触平整、严密，活动地板块不符合模数时，不足部分可根据实际尺寸切割后镶补（切割地板时要精细），并配装相应的可调支架和横梁。

第四篇　数据中心节能低碳设计

第11章 自然冷源应用技术

11.1 技术背景

随着数据中心的建设发展，冷却能耗在数据中心的总能耗中占有很大比例，如何降低数据中心冷却耗能成了如今数据中心节能的主要研究课题，合理地利用自然冷却技术可以明显降低数据中心的全年能耗。近十几年来，各种自然冷却技术应运而生，极大地推动了自然冷却技术在数据中心的应用和发展。

11.2 应用情况

充分利用自然冷源，机房冷冻水系统水冷离心冷水机组配套板式换热器（换热量同主机），利用过渡季节或冬季较低的室外气温，由冷却塔及板式换热器提供冷源，减少机械制冷使用时间，降低能源消耗、节省运行费用。基于末端精密空调安装空间及采用封闭热通道的方式，冷冻水供水温度可提高至18℃，以浙江杭州室外气温变化数据为例，可实现三种运行模式，见表11.2-1。

蒸发冷却冷水复合传统冷冻水系统运行工况模式　　　　表 11. 2-1

运行模式	切换点	时长（h）
直接蒸发冷却模式	湿球温度≤12℃	3547
间接-直接蒸发冷却模式	12℃＜湿球温度≤18℃	1651
间接蒸发与机械制冷共同制冷模式	湿球温度＞18℃	3652

直接蒸发冷却以水和空气为介质，水在隔热容器内直接与未饱和空气（称为二次空气）热、质交换时，一部分水蒸发，所吸收的热量使空气和水的温度降低，产生冷却效应。当环境温度低于冷通道设计温度时，所有冷却都可由新风提供，部分回风与室外新风进行混合以达到期望的送风温度；当环境温度低于热通道设计温度时，新风可用于部分冷却，不足部分由机械制冷补充；当环境温度高于热通道设计温度时，系统必须采用完全机械冷却。除极端寒冷地区外，几乎所有情况下都还需要配置一定比例的机械制冷以满足房间冷却的要求。

间接蒸发冷却是绝热喷淋、等焓加湿的过程，理论上可以将空气的干球温度冷却到和湿球温度相同。典型间接蒸发冷却式换热器的配置如图 11.2-1 所示。数据中心循环空气从热通道返回，从右侧进入水平管，并在管内冷却。由于排风中水蒸发带来的冷却塔效应，循环空气被冷却，富含水蒸气的排风从扁管外表面流过后排到室外。由于蒸发冷却效应，从扁管表面流过的水和扁管自身都被冷却至相对室外湿球略高几度的温度。

图 11.2-1　间接蒸发冷却式换热器

基于现有物理空间，顶层机房采用间接蒸发冷却机组加水盘管补冷，吊顶回风，弥漫送风，工作示意见图 11.2-2。

图 11.2-2　间接蒸发冷却工作示意

同时利用数据中心冷冻水回水进行余热回收，配套 2 台 230RT 水源热泵空调主机，夏季制冷供回水温度为 7℃/12℃，冬季制热供回水温度为 45℃/40℃。水源热泵空调系统夏季制冷，冬季利用数据中心冷冻水回水余热回收以满足生产调度中心内热负荷需求。

11.3　发展前景

未来数据中心产业将呈现"边缘数据中心＋云数据中心"发展模式，云数据中心资源逐步整合，呈现规模化、高密度发展趋势。统筹围绕国家重大区域发展战略，国家发改委根据能源结构、产业布局、市场发展和气候环境等，在京津冀、长三角、贵州、内蒙古、甘肃、宁夏等地布局建设全国一体化算力网络国家枢纽节点，发展数据中心集群。

数据中心是能耗大户，其中数据中心的空调能耗占比较大，数据中心机房需要全年制冷，在传统制冷方式下，即便室外温度低于数据中心内部温度，仍然需要空调提供冷量。根据室外气候条件，应因地制宜开展自然冷源技术应用，推动中小型数据中心节能降耗。

第 12 章 模块化机房设计技术

12.1 技术背景

近几年随着数字经济的火热发展，作为大数据系统大脑的数据中心越来越多，从电信行业来看，具备极大的灵活性和可扩展性已成为新一代数据中心所必须考虑的点位。传统数据中心的能源消耗极高，据不完全统计，传统数据中心设备实际能耗约占总能耗的 42%，而制冷、供电及照明等的耗能约占 58%。

根据《国家发展改革委等部门关于严格能效约束推动重点领域节能降碳的若干意见》（发改产业〔2021〕1464 号）中（七）加强数据中心绿色高质量发展中要求：新建大型、超大型数据中心电能利用效率不超过 1.3。到 2025 年，数据中心电能利用效率普遍不超过 1.5，这些都给机房节能提出了更严苛的要求。为有效提高能源利用率和满足快速建造的需求，数据中心建设中越来越多地采用模块化和预制化技术。

12.2 应用情况

数据中心采用模块化机房，主要采用以机柜、冷通道封闭、行间空调为核心的 IT 型模块机房，如图 12.2-1 所示。数据中心中采用多个标准化模块复制的方式简化了设计施工，做好单个标准模块后对整体机房进行分解即可，单个模块可以让设备厂家预制，由于模块标准接口统一，现场施工更容易保证工艺质量。

图 12.2-1 模块化机房

应用模块化机房具有以下几个优势：

1. 快速部署、大大缩短建设周期

模块数据中心提高了规划设计效率，依据IT业务需求，合理配置系统架构，如模块单元的机柜排列，选用的供配电设备，制冷方案，监控系统等；微模块批量生产，提高了供货速度，采用标准化的组件可减少现场装配工作量，加快安装速度；微模块可在工厂进行组装并预先测试，保障了系统的调试速度和可靠性；采用模块化设计，结合基础设施＋IT设备的一体化交付，可以将数据中心部署周期缩短至数周。对于集装箱数据中心，甚至可以在工厂实现整体联调，直接运到现场，完成水电以及网络的接入后，直接投入运行。

2. 实现分期建设

模块化数据中心集成了末端制冷、末端配电、末端布线等模块化组件，在降低初期投资的基础上，实现了数据中心的按需部署，避免固定资产的闲置浪费，同时保证了大型数据中心的任意IT空间的基础设施配置达到最佳状态。

3. 绿色节能

目前数据中心电力使用成本在生命期间TCO中占比最大。模块化数据中心实现IT设备按需供电与制冷，让供电和制冷系统的容量与负载需求更为匹配，从而提高了工作效率，并减少过度配置。微模块电源转换率高达95%，由于采用标准化的接口和微模块架构，极大节省电能，达到系统节能。

模块化数据中心采用冷通道封闭隔离，冷热气流互不干扰，避免因气流串扰而导致的热岛效应，避免了风量和冷量损耗。同时使用列间空调，采用制冷设备的近热源设计，提高制冷效率，解决了局部热点的问题，降低数据中心运行成本。微模块数据中心结合水冷系统、自然冷却系统，PUE可降至1.5以下。

4. 智能管理、精细运维

模块化数据中心利用对微模块内部环境、动力设备等的实时监测，以及IT设备与基础设施的协同工作，实现动环＋IT设备的精细化运维。智能管理系统能够提高可视化体验，帮助客户实现数据中心多层级、精细化能耗管理，通过多种报表精确定位能源额外损耗点，实现节能降耗。

图 12.2-2 一体化 UPS

模块机房厂商可以配套提供智能小母线产品和一体化UPS产品，进一步节约机房空间。一体化UPS将机房市电配电柜、UPS主机、UPS输出柜、精密面电列头柜合为一个柜体，如图12.2-2所示。在小型机房中可减少配电柜数量，有效节省配电室空间，还能减少损耗，提高配电系统效率，并节省空调容量。

12.3　发展前景

从数据中心使用的角度看，虚拟化和云计算可以明显提高 IT 设备的利用率，提高单机柜功率密度，减小数据中心一次性建设规模，而且可以形成多数据中心远程备份，有利于资源共享、错峰使用和容灾备份。

此种变化对于模块机房的推广应用是较为有利的，IT 设备利用率的提高使得高密度机房越来越多，越来越适合采用模块化机房。

云技术可以将成百上千台服务器虚拟成一个强大的服务器，再将其拆分成若干台虚拟机，分配给不同用户完成特定的功能。采用类似的原理，分布式网络存储系统采用可扩展的系统结构，利用多台存储服务器分担存储负荷，利用位置服务器定位存储信息，不但提高了系统的可靠性、可用性和存取效率，还易于扩展。这就使得机房的服务器和存储设备布置可以更加灵活，减少因业务功能和应用不同而刻意进行分区的集中安装管理，更容易采用标准的模块化机房来部署。

另外，云计算技术日趋成熟，使得大型互联网的应用服务的快速上线部署和快速更新迭代需求更加强烈，相应地要求数据中心基础设施建设趋于快速化、弹性化，而解决方案就是发展标准化、模块化、预制化，最终大大促进了模块化机房技术的发展成熟。

第13章 可再生能源利用技术

13.1 技术背景

"节能减排"是世界关注的热点话题，遏止全球气候变暖，保护有限地球资源，减少能源浪费，是我们共同努力的目标。我国明确提出了力争 2030 年前实现碳达峰、2060 年前实现碳中和的"双碳"目标。

据学者统计，2020 年中国数据中心耗电量为 2045 亿 kW·h，占全国总用电量的 2.7%。在工业和信息化部发布的《关于组织申报 2019 年度国家新型工业化产业示范基地的通知》中明确提出"支持数据中心采用水电、风电、太阳能等绿色可再生能源"。国家已经在引导、鼓励数据中心行业进一步扩大对可再生能源的应用，数据中心行业应顺应这一发展趋势，为进一步扩大对可再生能源的利用做出准备，以逐步建立并实现自身的"碳中和"目标。

13.2 应用情况

光伏发电技术是将光能转换为电能的一种技术，这种技术具有环保、经济的良好优势。其中，最主要的运作原理就是通过调养电池作为半导体的光伏效应。当太阳光照射到太阳电池的时候，太阳电池就会吸收光能，通过对光能的不断吸收，进而产生"光生电子-空穴"对。此外，在电池闪电场的影响下，光生电子和空穴就会被分离，就会产生相应的电压，形成一种动能从而起到发电的效果。光伏发电系统分为离网光伏发电系统、并网光伏发电系统及分布式光伏发电系统。

离网光伏发电系统由控制器、蓄电池组、太阳能电池组件以及逆变器组成，经控制器对蓄电池进行充放电管理，并给直流负载提供电能或通过逆变器给交流负载提供电能。该系统适用于环境恶劣的高原、海岛、偏远山区，也可作为通讯基站、广告灯箱、路灯等供电电源。

分布式光伏发电系统的基本设备包括光伏电池组件、光伏方阵支架、直流汇流箱、直流配电柜、并网逆变器、交流配电柜等。其运行模式是在有太阳辐射的条件下，光伏发电系统的光伏电池组件阵列将太阳能转换输出的电能，经过直流汇流箱集中送入直流配电柜，由并网逆变器逆变成交流电供给建筑自身负载，多余或不足的电力通过联接电网来调节。

并网光伏发电系统由光伏电池方阵、连接器、并网逆变器组成（图 13.2-1），不经过蓄电池储能，通过并网逆变器直接将电能输入公共电网。并网光伏发电系统相比离网光伏发电系统省掉了蓄电池储能和释放的过程，减少了其中的能量消耗，节约了占地空间，还降低了配置成本。

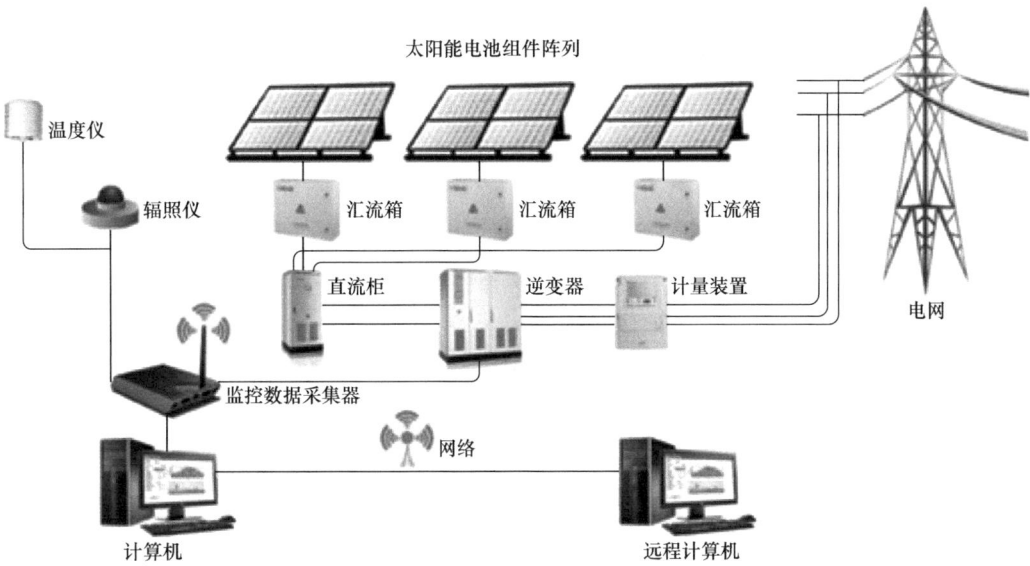

图 13.2-1 光伏系统

分布式光伏并网发电系统将光伏阵列产生的直流电经过并网逆变器转换成符合市电电网要求的交流电反馈给电网；在阴雨天或夜晚，光伏阵列没有产生电能或者产生的电能不能满足负载需求时就由电网供电。因直接将电能输入电网，免除配置蓄电池，省掉了蓄电池储能和释放的过程，可以充分利用光伏 PV 方阵所发的电力，从而减小了能量的损耗，并降低了系统的部署成本（图 13.2-2）。

图 13.2-2 光伏板

13.3　发展前景

从宏观背景来看，全球极端天气频发，发展可再生能源已是全球共识，而光伏发电将是当前和今后应对能源危机的重要手段。国内市场在"双碳"目标下，能源变革进入新发展阶段，能耗双控逐步转向碳排放双控。

预计到 2030 年，可再生能源在总能源结构中将占到 30％以上。未来将持续打造绿色低碳光伏产品，进一步推动光伏产业的智能化、绿色化、高端化转型，利用各地新能源优势，推动行业的绿色可持续发展。

第14章 地板下送风与顶部送风冷却技术

14.1 技术背景

随着负载功率密度的持续增加，业界已经认识到，传统的冷却方式所能支撑的功率是有限的，当机房的功率密度超过一定值时，传统的热通道、冷通道方案配置已经不能有效维持机房的环境温度。相反，如果将气流通道完全封闭，则可以防止冷通道空气绕过服务器进入热通道，以及热通道空气环流到冷通道，这就解决了许多与气流组织管理有关的问题。但也由此产生了许多新问题，如机房成本的增加，机房和机柜通道的门禁系统、更加精细的控制要求，以及由此带来的不同的控制策略。

当负载功率密度过高时，未封闭冷热通道的机房环境还可以维持，并且在控制、故障修复等方面产生许多不合理的附加成本。尽管目前对于负载功率密度的设定还没有明确的临界值，但业界已经对过高负载功率密度必须进行气流遏制这一理念达成共识。

当机房气流通道封闭时，将不再存在气流组织形式问题，送风气流从送风口流入冷通道的方向变得无关紧要。无论是从上方（向下流）、从下方（向上流）还是从侧面（向水平），空气都会到达相应的空间环境内，这些不同的气流遏制策略之间也没有功能上的差异。

14.2 地板下送风气流组织

通过架空地板下送风是目前数据中心最常采用的冷却方式，它可以通过多种方式实现和优化，部分方法见表 14.2-1。

地板下送风方法

表 14.2-1

序号	具体方法
1	统一调节 CRAH/CRAC/AHU 的空气流量，稳定架空地板通道内的压力，移动或放置多孔地板或格栅以匹配负载需求
2	统一调节 CRAHI/CRAC/AHU 的空气流量，保证所有冷通道内最不利位置处的温度传感器的最大值（即最高测量温度）在合理范围内
3	统一调节 CRAH/CRAC/AEU 的空气流量，稳定架空地板通道内的压力，在特定位置放置导流地板、带辅助风扇的地板或有效通风截面可调的地板，以引导气流进入最需要的空间

在数据中心机房设计中，地板下送风气流组织形式具体见表14.2-2。

地板下送风气流组织形式 表 14.2-2

序号	具体方法
1	使用带变频风机的CRAH/CRAC/AHU。为了将空气输送到架空地板的静压箱内，装置选择下送风。许多设备使用老式的恒流电机/风扇，由此导致较高的能耗。将这些装置的定频风机替换为变频，是实现投资收益的最快方式，不仅节能，而且可以改善气流组织管理策略
2	使用顶棚作为回风通道。这就需要热通道顶部的顶棚是敞开的，并用风道将CRAH/CRAC/AHU的顶部回风口与之连接。对于空调整体性能而言，机房顶部没有顶棚的情况实际上要比有顶棚的情况要好一些，但重要的是将CRAH/CRAC/AHU的回风口用风道伸入距离数据中心顶部适当的高度内。数据中心空间越高，冷热气流的分层越好，空气的环流量就越少
3	架空地板设置成适当高度后，这样可以支持不同程度的负载功率密度。老式的设施或建筑物有时受限于较低的机房层高，在这种情况下，架空地板通道内不能有实质性障碍物。当需要将主管道、大型电气管路、电缆桥架等放置于地板通道内时，其位置须远离多孔地板或格栅，不应该放置在出风口附近
4	布置足够的压力传感器，精确测量架空地板通道内压力和与之对应的机房内的压力。地板下方通道内压力传感器的布置应尽可能均匀。前期可以根据经验数值来布置，而且地板下方的通道布局设计越好，通道内的压力分布越均匀，需要布置的传感器也就越少。遵循上述的指导原则，在整个架空地板通道内设计相对均匀的压力分布对于气流组织管理策略至关重要

数据中心的负载数量是需要密切监测的，工作人员可以通过调整通道内风口的数量来匹配负载的需求变化。一般情况下，应检测冷通道的负载，这是进行气流组织管理必须遵循的一个重要理念。冷通道是以机柜为边界设定的，因此计算该边界内给定设置压力点下需设置多少风口是很有必要的。风口的数量完全取决于冷通道内的总负载，根据冷通道需要的功率负载来计算送风量。

当数据大厅负载发生变化时，应随时按照这种计算方法进行调整。根据通道内的负载需求，添加相应数量的风口。当移除负载后，同样须去掉相应数量的风口。机房内CRAH/CRAC/AHU风量的变化是与通道内风口数量的变化相关联的，仅当添加风口时，空调单元风机才会加速。随着风口数量的增加，地板下方通道内的压力下降，风机速度上升，使架空地板通道内的压力恢复到设定点。相反，当负载减少时，移除风口可使风机减速。

14.3 顶部送风气流组织

采用顶部送风系统将冷却后的空气输送到数据中心，虽然没有地板下送风方式常见，但同样有效。目前可以通过很多方法实现顶部送风气流组织分配的最优化。

地板下送风和顶部送风的主要区别在于，CRAH/CRAC/AHU通常是上送风的，

其工作方式与送风式装置一样。然而，空间的布局与装置的基本配置是混乱的，因为
它们的回风口必须位于装置的底端，这意味着来自冷通道的冷空气更容易返回到该装
置，因为冷空气相对于热空气本来就分布在空间中较低的位置，这就造成旁通空气量
的增加，迫使需要更大的风量来满足负荷需求。旁流处理方法见表 14.3-1。

旁流处理方法 表 14.3-1

序号	具体方法
1	在装置周围局部高度设置挡风板，迫使空气从空间的较高部分（即热通道空气）返回装置
2	在装置上增加一个风扇通道。与定制的 AHU 相比，使用模块化 CRAH 的问题在于缺少一定的灵活性。AHU 可配置为适应任何特殊布局，通常允许更大尺寸的装置和更多定制的选择
3	顶部送风的同时又从顶部回风，可能会使送风系统管道复杂化。即使顶棚静压管道回风也不一定能缓解这种情况，因为顶部送风系统和顶棚静压回风系统都位于相同的空间。为了适应这种情况，数据中心层高必须足够高
4	高大的空间更容易适应气流的分层。送风系统管路可以放置在通道上方的一层，而来自热通道排风系统管路放置于送风系统管路的上方。回风系统管路或风机进风段可以抽取来自该高点的回风，并将这些空气送回系统，以便再次冷却

顶部送风技术设计考虑因素见表 14.3-2。

顶部送风技术考虑因素 表 14.3-2

序号	设计考虑因素	主要内容
1	通道宽度对安装的影响	1. 由于分支管道可以独立调节进入单个冷通道内的气流大小，因此通道的宽度并不像地板下送风系统模型那样重要。如果设定的通道宽度能够满足数据中心中任一通道内的最大风速需求，则所有通道都可以设计成与之相同的宽度。 2. 地板下送风系统存在与送风速度相关的问题。最慎重的解决方法是使用 CFD 在设计过程中模拟通道中的气流动态。设计者需选择一个初始速度，该速度应该比实际送风管道系统的风速低（意味着充分考虑成本和布局的情况下管道要尽可能大），并确保流经服务器前端的气流速度不能太大，以防止它直接进入服务器的前端。通常情况下，送风速度范围在 2.5~5.0m/s。一旦送出的空气下降到地板上开始扩散，并跟随机柜前端的涡旋气流回到顶部，这个气流速度就会大大降低。如果进入通道的气流速度太大，进入冷通道的空气会再次被诱导流出冷通道。因此，建议采用 CFD 建模，以将该流量优化为"尽可能小的旁通气流"。 3. 过低的气流速度并不会造成实质性的问题。根据控制逻辑的设定，这种情况是可以自行纠正的。当空气没有到达服务器机柜的顶部时，温度传感器指示反馈异常，就会将调节器驱动到更大的开度，从而将更多的空气导入冷通道中。 4. 这些设计问题可能会产生附带效应，因此顶部送风系统设计前期的合理规划就显得尤为重要。一旦系统被正确地设置，这些初始速度就决定了解决方案的可行性，全自动化（无人干预）的优势使得设施的全生命周期内的系统维护更便捷。此外，随着系统的完善，整个系统的适时调整也要求不能进行人为干预

续表

序号	设计考虑因素	主要内容
2	气流组织管理的自动化	1. 温度传感器必须放在机柜的高处。 2. 控制系统必须监控冷通道内的多个传感器，并驱动各支路风阀的打开或关闭，以保持温度设定值（研究信息表明，有时使用平均温度而不是冷通道中的最不利工况下的温度可以更稳定地控制进入冷通道的气流）。 3. 压力传感器应设置在管道系统的歧管中。AHU 应同步进行调制，以保证各歧管的压力恒定。 4. 随着分支管道风阀开启数量的增加，管道压力将会下降，系统应通过提高风机转速将管道压力恢复到设定点。当调节阀关闭时，也应通过风机转速来调节管道压力。 5. 风管静压应可以重置，以确保各支路调节阀尽可能完全开启，这将优化风机的能效，并可内置于自动控制系统中

第五篇　BIM 技术应用

第15章 BIM深化、优化设计

15.1 二次结构深化设计

无论是小型、还是中大型数据中心，其建筑构成基本是一致的。每个机房配备独立的供电、空调支持区，外围设置其他辅助及支持房间。根据实际应用场景，一般小型数据中心单个机房面积在 $50\sim500\mathrm{m}^2$，大中型数据中心的机房面积在 $500\mathrm{m}^2$ 以上。各个机房之间要通过墙体来隔离，形成一个个相对独立的空间。

数据中心内部的墙体不仅有隔离空间区域的作用，还有节能的作用。主机房内要保持恒温恒湿的环境，以便内部的电子设备可以长期稳定运行，如果墙体的隔热效果好，就可以减少内部热量与外部的交换。所以在数据中心内部增加的隔墙一般采用加气混凝土砌块墙，可以达到保温节能的效果，并且施工更便利。

15.1.1 构造柱深化设计

为保证墙体施工效率及准确性，应用 BIM 技术对墙体构造柱位置和砌块进行排布，现场根据 BIM 二次深化设计后出具的二维构造柱图进行设置（图 15.1-1～图 15.1-3）。

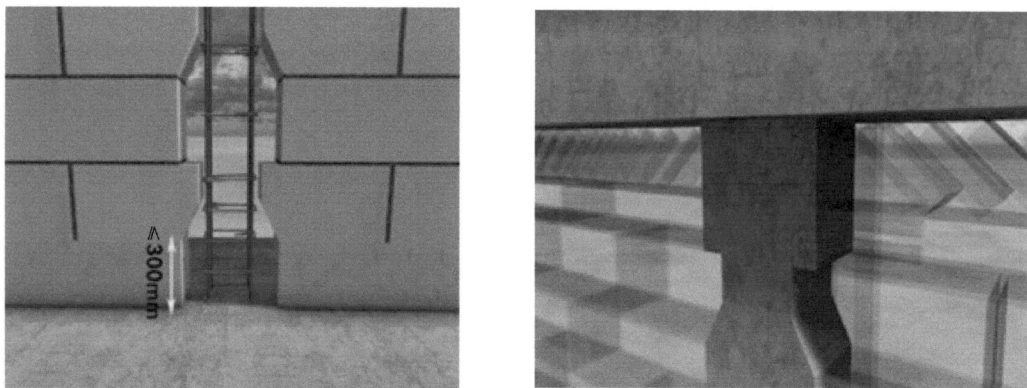

图 15.1-1 构造柱底部、顶部细部构造

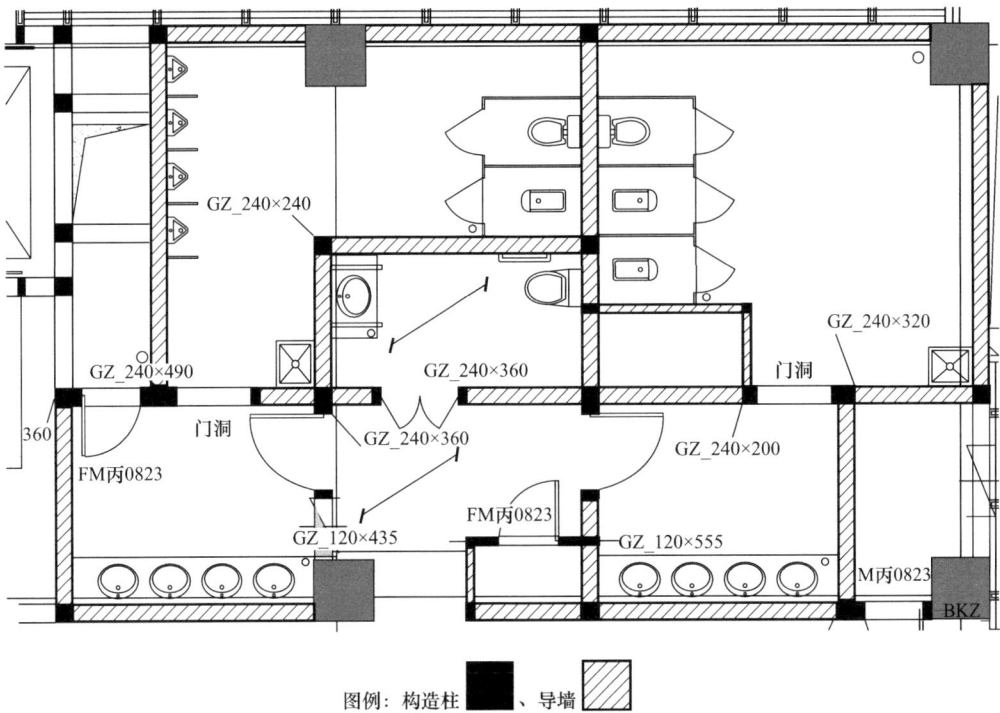

图例：构造柱 ■、导墙 ▨

图 15.1-2 二次结构平面布置图（局部）

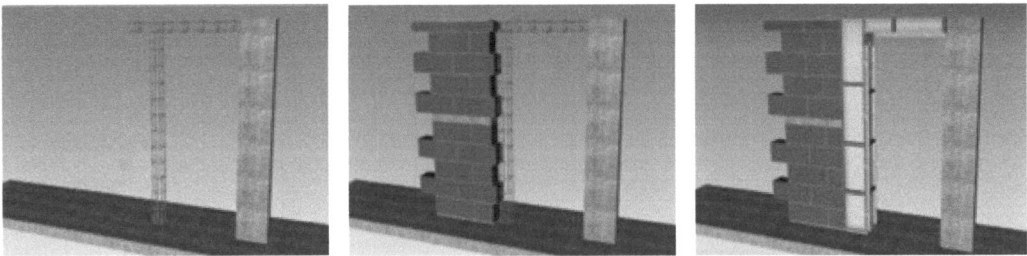

图 15.1-3 构造柱深化工艺模拟

15.1.2 墙体预留洞口设计

一般在机房墙体上开窗有三个目的：一是监控，机房外部设有警卫值班室，可通过窗户观察到进入本数据中心的人员的活动情况；二是照明，不同的区域照明程度不一，对于内部进深较大、光线效果差的机房，则可以通过在墙体上增加更多的窗户，来增加照明，提升机房的光学效果，外观光亮，洁净程度高；三是美观，在墙体上开窗可以提升整个机房的视觉效果。

结合机电管线深化模型，在二次结构施工前导出机电管线穿越二次结构墙体留洞图，墙体施工时预留洞口，方便后期机电管线施工，避免二次开洞及垃圾清运。在二次结构施工时也需考虑预留大型设备运输通道，对尺寸超过机房门洞的设备，需预留出通道，待设备就位后再进行墙体施工。

为了避免在混凝土构件上钻孔，针对将来可能需要穿越该混凝土构件的管道，可在混凝土构件施工前预留洞口。而且预留洞口工程还需要遵循相关的规范要求，同时还要满足现场机电专业的实际需求。在预留洞口设计完成后，需要将设计方案提交给设计院进行审核，确保预留洞口的安全性与合规性。经审核后再生成留洞图，提前安排施工，减少后期机电与装饰的碰撞（图 15.1-4～图 15.1-7）。

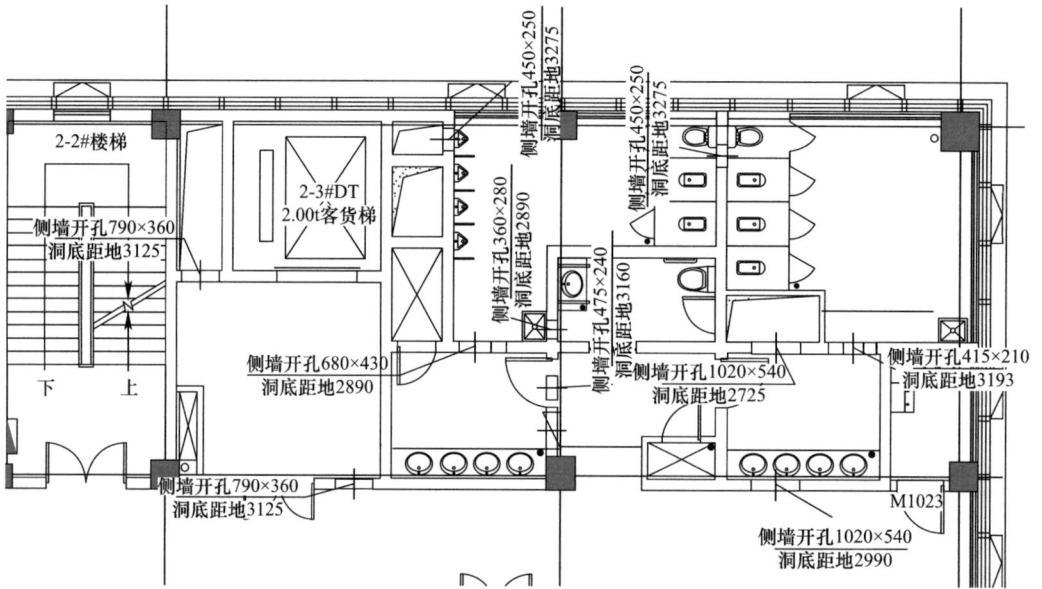

图 15.1-4　预开洞口平面图（局部）

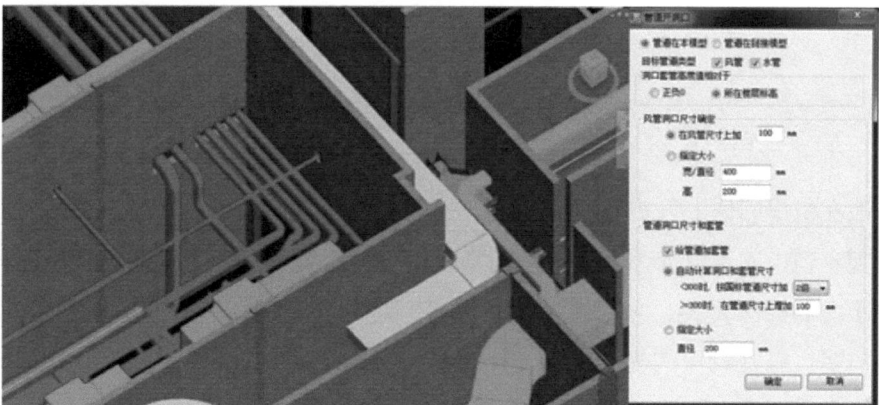

图 15.1-5　预留洞设置

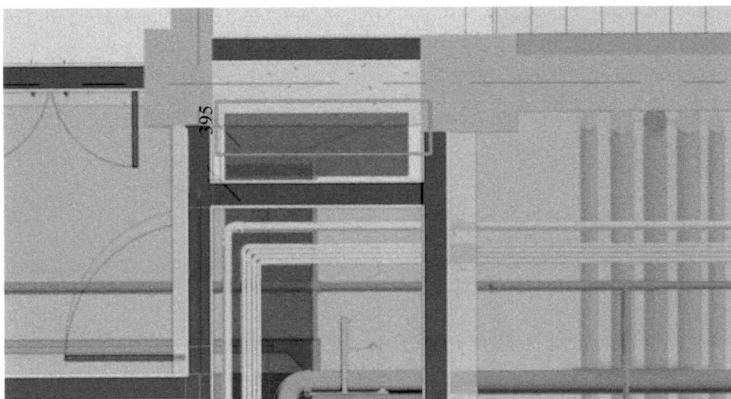

图 15.1-6　竖向风管与过梁碰撞（正视图）

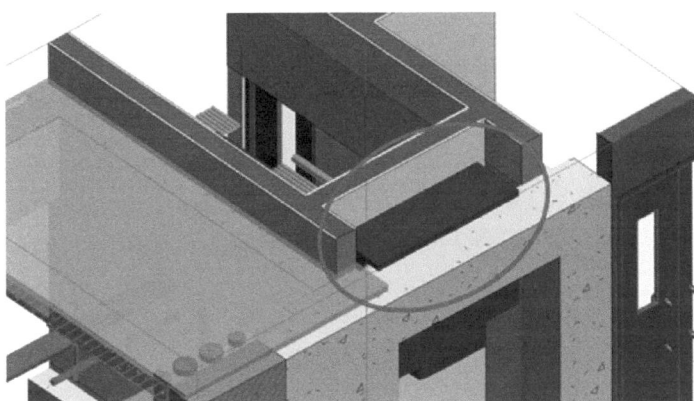

图 15.1-7　竖向风管与过梁碰撞（立面图）

15.2　机电优化设计

数据机房涉及机电专业系统多、管线多、各专业管线规格大、管线路由集中，管道布置占用空间大。通过利用 BIM 软件进行管线综合深化设计、工程算量以及可视化技术交底等，大大提高了管线安装一次成优率，提高了材料计划的准确度，以及整体施工效率。

1. 机电风管采用数字化加工，通过建立 BIM 管线模型，将下料单发至加工厂进行成品风管加工，成品于现场直接安装，提高施工效率，缩短工期（图 15.2-1）。

2. 在三维模型中优化管线路由，确保满足净高要求，进行施工合理性以及可行性分析，优选最节约管线的路由，节约材料成本；通过碰撞检查发现管线碰撞位置，模型中合理的翻弯避让，最终确定机电管线空间位置（图 15.2-2）。

图 15.2-1　管线模型深化

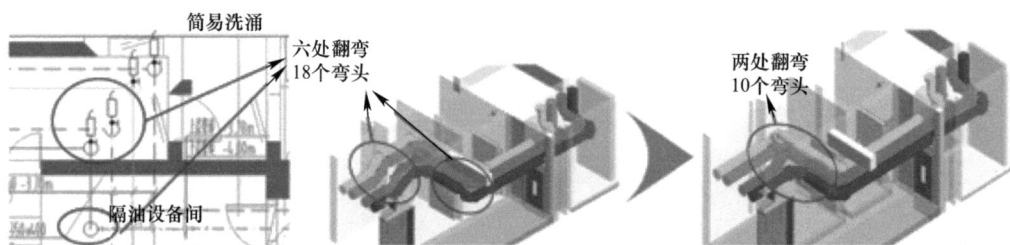

图 15.2-2　翻弯设计优化

3. 利用 BIM 深化进行管线综合支吊架的排布设计，在满足受力计算要求的情况下，将空间、钢材耗用优化到最佳。根据平面标记位置找到对应支吊架的剖面图，实现"一架一图"，可直接利用该图在加工厂统一完成预制，不需要现场二次测量定尺，大大节约场地并缩短工期，在将管线合理排布的同时，保证了净高（图 15.2-3～图 15.2-5）。

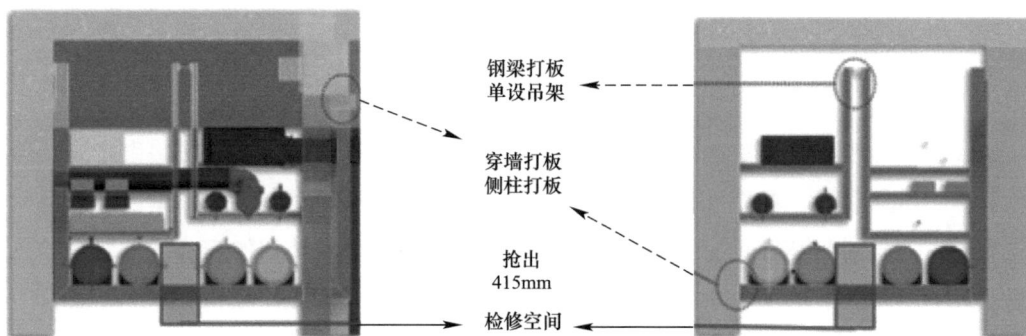

图 15.2-3　施工深化示意

4. 利用 BIM 软件创建各机房内设备的精确模型，优化设备排布，提高机房空间的利用率、美观度。精确定位设备位置，确定设备基础布置图，设备基础与结构楼板同期施工，缩短施工周期（图 15.2-6）。

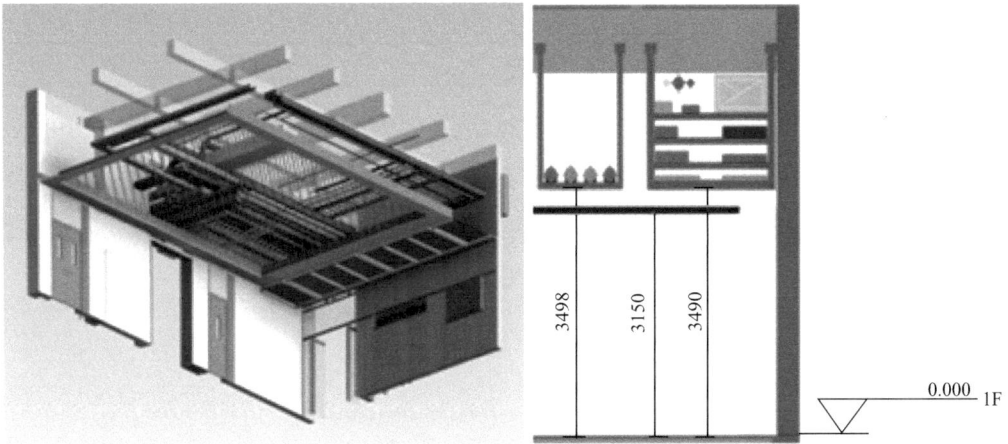

图 15.2-4　净高控制

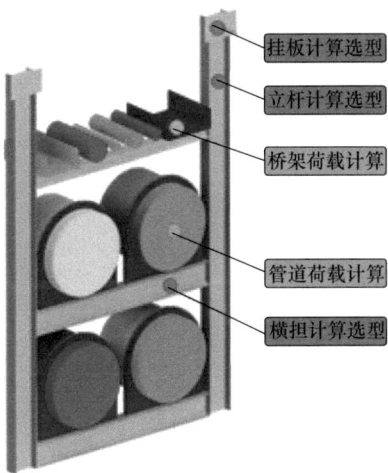

支吊架详图材料表（长度单位mm）						
支吊架编号	支吊架数量	编号	名称	规格	数量	长度
DJ-1F_022	1	1	工字钢	20b	2	3023
		2	工字钢	18	2	1632
		3	工字钢	10	1	1632
		4	端板	300×180×12	2	/
		5	管卡	木托（圆管卡）	4	/
		6	管卡	管卡	4	/
		7	膨胀螺栓	6M16	2	/

图 15.2-5　综合支吊架计算选型（左）、综合支吊架出图出量（右）

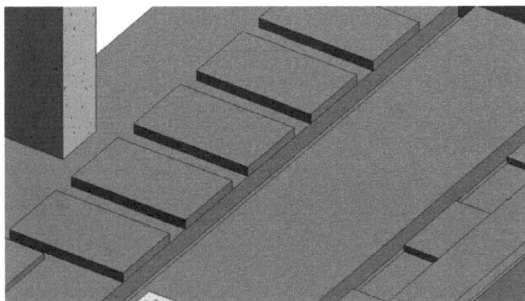

图 15.2-6　利用 BIM 软件创建的精确模型

15.3 幕墙、装饰、屋面深化设计

利用幕墙 BIM 深化设计模型，明确幕墙与结构连接节点、幕墙分块大小、缝隙处理、外观效果及安装方式，用模型指导幕墙加工制作及施工。同时幕墙工程量大，利用幕墙 BIM 模型对玻璃幕墙逐一编号，并与工程进度计划信息关联，生产及运输过程中将根据 BIM 模型中的编号进行加工、运输跟踪管理（图 15.3-1）。

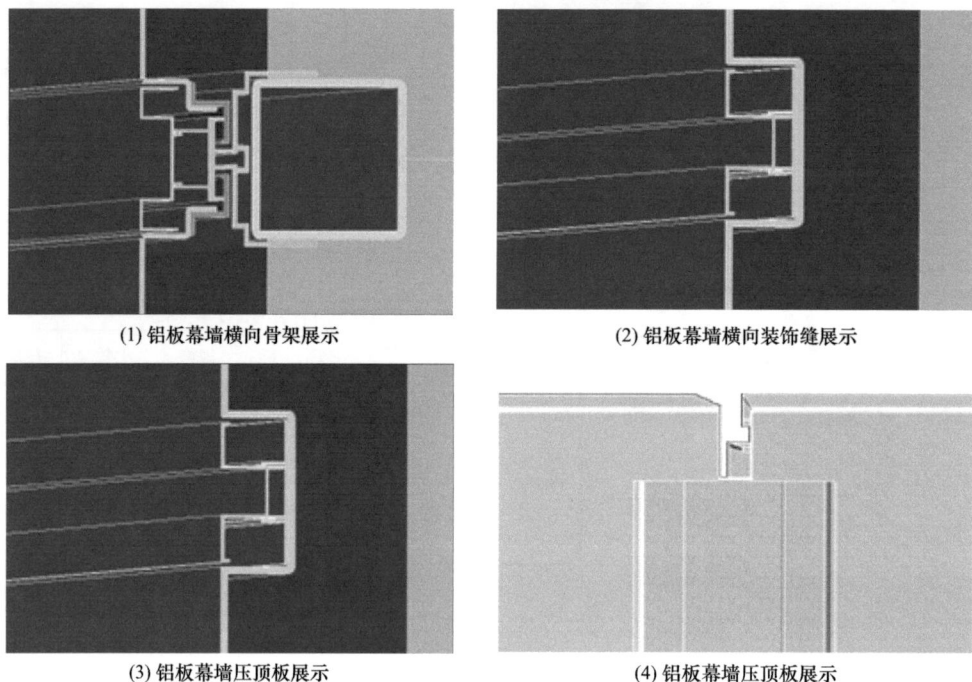

(1) 铝板幕墙横向骨架展示

(2) 铝板幕墙横向装饰缝展示

(3) 铝板幕墙压顶板展示

(4) 铝板幕墙压顶板展示

图 15.3-1 利用 BIM 模型对幕墙进行精细化管控

通过 BIM 模型效果检验，可以协助完成装饰装修图纸深化设计，确保设计效果最佳，装饰装修节点深化设计 BIM 模型详见图 15.3-2。

PVC 地板与地砖

地面变形缝

墙面变形缝

图 15.3-2 装饰装修节点深化设计 BIM 模型

使用 BIM 深化设计屋面各节点模型，明确施工工序，用模型指导现场施工，金属

屋面节点深化设计 BIM 模型详见图 15.3-3。

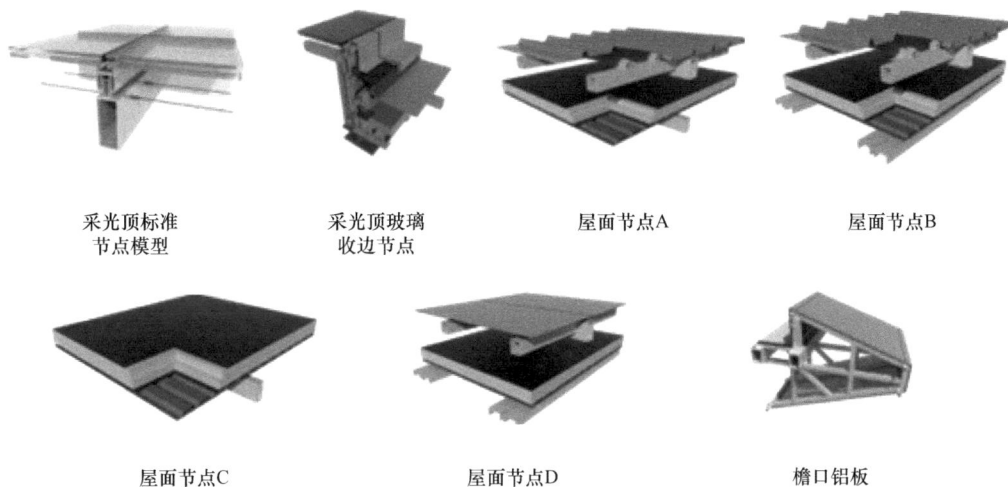

采光顶标准
节点模型　　　采光顶玻璃
收边节点　　　屋面节点A　　　屋面节点B

屋面节点C　　　屋面节点D　　　檐口铝板

图 **15. 3-3**　金属屋面节点深化设计 **BIM** 模型

15.4　基于 BIM 的管道装配式施工技术

长久以来，设备机房机电安装以"边干边量边改"的施工模式为主，现场测量放样、现场制作加工。人工下料焊接导致质量不稳定、精确度低，易发生管道碰撞。因此，传统设备机房施工存在实施难度大、工期长、成本高、机械化水平低、安全隐患多等问题。装配式施工在节省材料、降低能耗、提升工程进度方面存在巨大的优势，具有良好的发展前景。

1. 工艺特点：（1）将传统机电 BIM 应用技术拓展为适合于递推装配式施工的，层次递进的，包含 BIM 综合图、管道分节图、构件加工图、递推施工图的出图体系，用以指导机房深化设计、预制加工、物流运输及装配施工。有效解决装配机房深化出图深度、精度、数量、型式等问题的同时，使 BIM 技术与施工生产结合更为紧密，凸显其指导作用。（2）对"边干边量边改"的传统施工方式进行升级，借助 BIM 技术进行策划，将固定车间式管道预制生产线引入施工生产，实现加工和安装的彻底分离，优化工作界面划分、人员机具配置，减少废气废渣的产生，降低安全作业隐患，施工过程噪声小、无烟尘。（3）在装配式施工全过程，引入精度控制理论，提出包含设计精度控制、加工精度控制、装配精度控制的精度控制方法体系，运用新型技术手段、新产品、新设备，将机电安装产品精度向工业产品精度等级方向提升，使安装施工一次成型、一次成优，极大提升工程质量和创优潜能。（4）发展综合误差补偿理论，通过设置纠偏段，解决目前的生产技术条件尚不能规避的误差累积（如构件应力形变、二次镀锌等因素），乃至设计、加工和装配阶段产生随机性偏差问题。通过纠偏段的合理规划、布置，实现装配构件、设备的完美、可靠拼装。（5）装配阶段，工人及管理人员通过二维码信息指导安装，有效提升施工管理效率及信息传递的完整性。

2. 工艺原理：基于设备管道递推施工的装配式机房施工工法是针对空间局促的设备机房，尤其管道设备大型化、机房面积大型化、施工工艺复杂化（如二次镀锌处理）的设备机房，施工周期长、效率低，安全性和施工质量等问题无法得到保障而提出的解决方案。其基本原理如下：

（1）利用 BIM 技术对设备机房（含结构、基础、设备、管道、管件等）进行毫米级 1:1 精细化建模，在模型的基础上完成整体机房的拆解规划，并出具构件加工图和递推施工图，用于指导工厂机械化加工和装配式安装作业。

（2）在装配式施工全过程引入精度控制理论和综合误差补偿理论，通过控制设计、加工及装配三种精度，注重纠偏段设置一个核心，实现递推装配施工一次成型、一次成优的目标。

（3）施工过程采用物流化、信息化管理方法，在递推施工图设计阶段，结合机房空间、设备布局、管道排列、进度计划等，完成涵盖设备、构件、管件等安装单元的装配批次规划，使加工、采购、运输形成有序的批次衔接；各批次内利用管道预制生产线制作的构件，在管段上附以包含构件尺寸、加工、安装等信息的二维码；装配阶段，严格按照递推施工图及二维码信息完成装配作业，完成装配机房内构件、设备的完美、可靠拼装，确保系统功能实现及长期稳定运行。

3. 施工工艺流程：基于设备管道递推施工的装配式机房施工工艺流程，主要包括图纸设计、预制加工、装配施工三部分，见图 15.4-1。

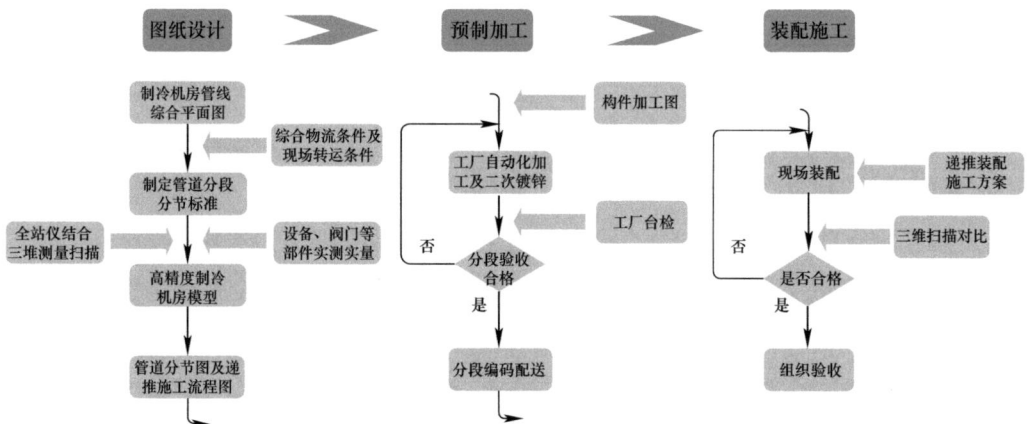

图 15.4-1 基于设备管道递推施工的装配式机房施工工艺流程

4. 操作要点：

(1) 资料收集

装配式机房施工对尺寸要求严格精确，资料收集是装配施工的前提和根基，精度控制作为原则和标准，贯穿于资料收集乃至装配施工的全过程。本过程收集机房施工所需的全部资料，包括：关于机房施工的设计、施工及验收规范，原始设计图纸，设备选型、管道附件样本，现场施工情况等。

1) 收集机房有关原始设计图纸、会审记录等，对设计内容进行复核确认，如对原始设计有优化建议，需向业主、监理及设计提出合理优化方案，并取得设计变更或明确回复，方可根据最新的文件进行机房的系统校核计算、管线综合排布、综合支吊架设计等相关工作。

2) 收集设备选型样本、管道附件样本 (或基本参数)，并作为附件材料采购合同，对机房内所有机电设备、管道、附件、配件等进行资料收集。具体样本统一技术准则如下：

① 所提供的样本为本项目装配式 BIM 模型搭建的依据，务求精确可靠，如因提供样本尺寸有误，影响后续装配施工，相关损失及责任由样本提供方承担。

② 所提供的样本需为 CAD 格式，且严格按照设备实际尺寸及 1∶1 的制图比例绘制。其余纸质样本或 PDF 样本可作为辅助材料，但不作为主要依据。

③ 所提供的样本应涵盖的主要内容，包括但不限于外形尺寸、设备管道接口外形及尺寸、法兰盘尺寸及螺栓孔详图。样本优先以三视图的形式呈现，有条件的可附带三维模型。

④ 所有样本尺寸数据均应精确至毫米 (mm)。

⑤ 需要做土建基础的应提供基础图，包含基础做法、基础尺寸、减震形式及相关校核计算。

⑥ 所有样本严格按照机房招标清单项提供，且只需提供本项目机房相应型号的设备材料样本。

⑦ 所有样本，每种型号规格均需配一张或多张实物图或效果图。

3) 现场施工情况及信息收集，包含影响装配施工的场地硬化、水平运输通道、垂直运输条件等，也包含影响模型设计精度的结构施工情况；结构为机电管道设备依附的基础，传统机电模型建立在结构图纸翻模的基础之上，而结构施工过程实际存在的各类误差，使现场与模型不吻合，从而影响机电设备及管线施工定位；对于精度要求严格的装配式施工，要从源头摒弃结构施工误差的影响，而要逐点复核结构偏差度，工作量巨大。此时，可借助三维激光点云扫描技术。

通过三维激光扫描仪，将施工完成的结构、基础等转换为三维扫描点云数据，再利用点云处理软件（如 Infipoints）进行数据处理，输出为 BIM 软件的通用 IFC 格式，简化 BIM 模型数据重建的工作流程的同时，满足装配式施工模型 1∶1 还原现场的要求；在此建筑模型中完成机电管线深化设计，解决了因建筑施工误差导致的机电装配施工定位偏差等问题。

（2）BIM 深化设计

根据图纸、设计及业主确认的优化建议、设备样本、现场施工情况、施工验收规范等，在点云扫描模型的基础上，进行机房机电专业深化设计及管线综合排布工作，过程中综合考虑结构安全性、检修空间、常规操作空间、标高、综合支吊架布置、设备基础布置、排水沟布置、机房整体观感等，出具 BIM 综合图。

BIM 深化设计阶段，做好设计精度控制工作，即因装配式施工对模型三维尺寸精度要求严格，要求毫米级 1∶1 精确模型，则需要在模型搭建过程中规范细致。而族作为整个项目 BIM 的基础，其创建的精度和深度，直接影响 BIM 为装配施工创造的价值。为此，针对项目采用的机电设备、管道附件等，根据收集的真实外形尺寸信息，创建毫米级 1∶1 模型族，搭建项目级 Revit 族库，模型族库务求精细化（族外形尺寸精确至毫米）、真实性（族与实物外形完全吻合）、信息化（族参数深度达到 LOD 400 标准）。在精细化建族的基础上，完成装配式模型的精确搭建，考虑每片法兰螺栓的安装空间及垫片、垫块、减震材料的收缩余量（图 15.4-2）。

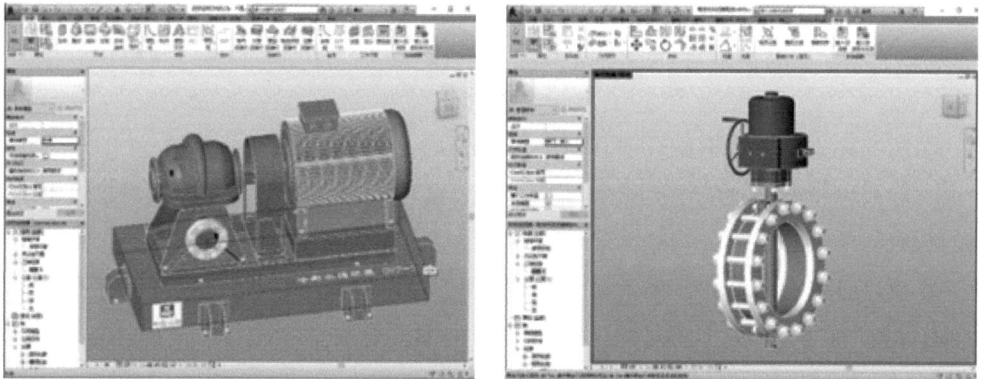

图 15.4-2　BIM 深化设计

（3）管道分节

在机房 BIM 综合图基础上，考虑机房运输通道、回转空间、吊装方式、长距离运输等条件限制，结合管道材质、连接方式等要求，合理进行管道分节，并对每节构件进行唯一性编号，形成管道分节图。

（4）绘制管道加工图

结合机房管道分节图，针对每节编号构件，利用 revit 软件出具构件加工详图。构件加工详图应通俗易懂，信息标注清晰，并完整描述构件的三维尺寸、构成、空间关系等，多以三视图＋三维正交图表示，用于指导工厂机械化加工。

构件加工图的绘制，使成套工厂化加工设备引入施工生产变为现实，管道高效切割带锯床、管道高效端面坡口机、管道预制快速组对器、管道纵向物流输送小车、平焊法兰自动焊机、悬臂式管道自动焊机等工业自动化设备组成的预制生产线，实现了法兰组对的工厂化，以及焊接质量的标准化，同时保证了加工构件的三维尺寸精度（图 15.4-3）。

（5）递推施工规划

在上述三套图纸（BIM 综合图、管道分节图、构件加工图）的基础上，融入时间维度、精度控制、纠偏理论，进行递推装配施工的可行性方案设计，形成递推施工图，其为结合机房空间、设备布局、管道排列、进度计划等，合理规划的机房内机电专业的递推施工顺序图，是施工模拟的细化和升级，包含装配式施工要求的控制点、纠偏段、装配顺序等信息，用于指导装配式安装作业。

递推施工图作为递推装配式施工方案的规划，将机房内机电设备、管道等按区域、标高、施工工艺、专业关系划分为多个安装批次，形成合理有序、层层递推的施工流水组织，并作为控制构件预制加工和材料采购进场的依据。

同时，递推施工图为装配精度控制提供基准依据。装配精度控制，作为装配施工的关键环节，装配流程设计、控制点及纠偏段位置的选择，甚至检测构件选择的合理性，均关乎如何降低施工中的误差累积，以及定位和实时监测的方便程度。

（6）生产线预制加工

预制加工作为装配式施工关键环节之一，预制构件的加工精度直接决定装配施工的实施效果。作为全过程精度控制的重要组成部分，加工精度控制，即通过革新工艺、方法，采用新型自动化设备，按构件加工图尺寸制作出满足装配要求的构件，兼顾构件三维尺寸、法兰组对、法兰同轴度、垂直度等因素。具体实施方案为采用由自动化设备组成的预制生产线替代传统边测量、边制作、边吊装的施工模式。

生产线预制加工，是指预制构件在生产线上采用自动化设备加工完成，加工生产线形式，如固定车间式管道预制生产线、移动车间式管道预制生产线、橇装场地式管道预制生产线等，可根据项目特点灵活选择，但预制生产线的基本单元，即完成构件加工各工序的自动化设备大同小异，如本项目选用的组合单元：管道高效切割带锯床，液压缸同步对中夹紧、内置 V 形辊轮物流，高效率、高精度完成管段切割下料；管道高效端面坡口机，上下同步、自动对中夹紧、硬质合金刀、无需水冷，快速完成焊接端面坡口作业；管道预制快速组对器，高效完成管件-管件组对工作，解决法兰构件场外组对难题；管道纵向物流输送系统，作为区域间传输纽带，完成多段、连续、自动

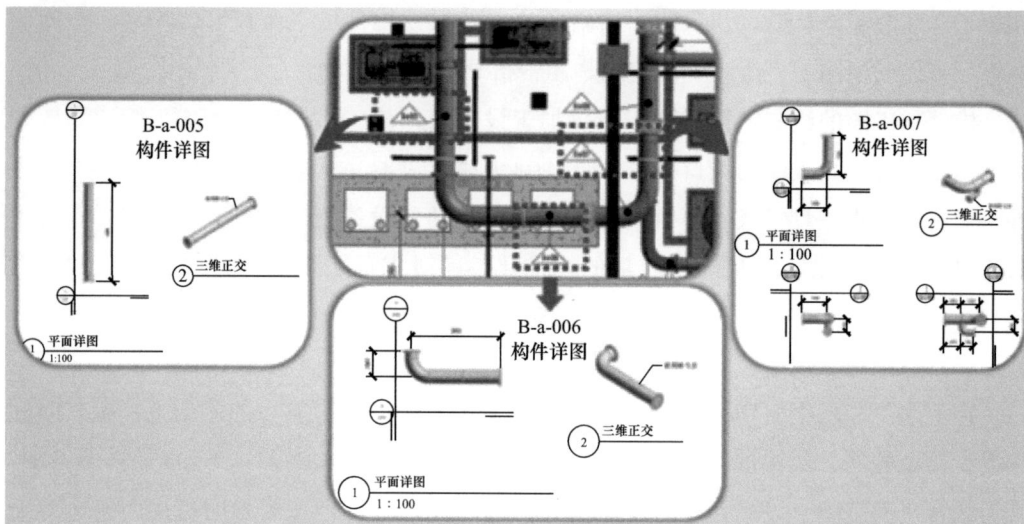

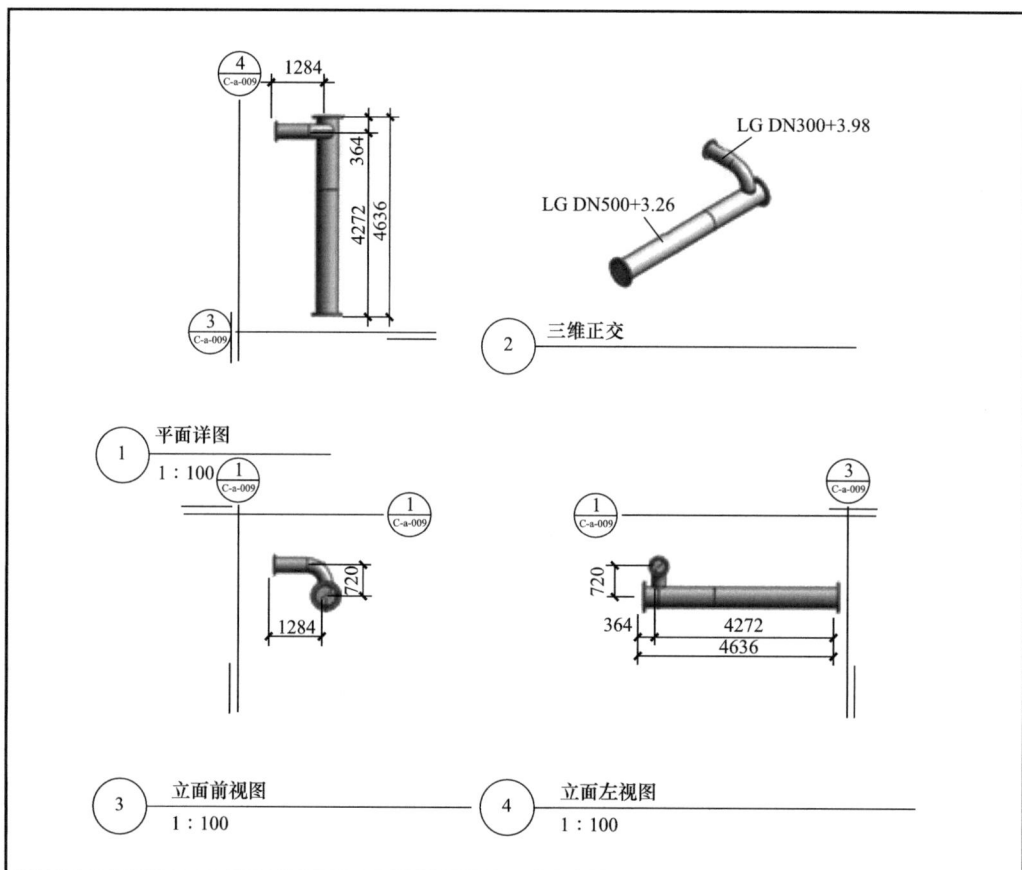

图 15.4-3　管道加工图的绘制

输送；平焊法兰自动焊机、悬臂式管道自动焊机、分体式管道自动焊机，分别对组对
法兰、管道、非标管件等进行高效、高质量、高精度焊接。

管道构件预制加工，主要包括：管道除锈、管道切割下料、坡口、焊接、钢印码标识、焊口检测、二次镀锌（防腐刷漆）、二维码标识等。支架预制加工，主要包括：型钢除锈、切割下料、钢板切割下料、支吊架焊接、防腐刷漆、支吊架标识等。

预制加工的主要原则及规定见表 15.4-1。

预制加工的主要原则及规定　　　　　　　　　　表 15.4-1

序号	预制加工的主要原则及规定
1	充分发挥预制生产线设备先进、精度可靠、集中作业、高效节能的优势，本着"流水化""工厂化"的原则组织构件预制生产
2	依据递推施工图的规划，分批次组织构件预制加工，充分考虑预制、运输、吊装、安装等条件因素，并预留纠偏段现场制作安装，确保工厂化预制率在 90% 以上
3	对于机房内小口径管道（DN≤80mm，如加药系统、定压补水系统、软化水系统等）采用现场预制加工形式
4	管道支吊架配合递推装配施工，部分可采用现场预制、滞后安装方式，但因设计精度的要求，所有支吊架可按照支架预制加工图尺寸制作
5	预制加工完成的成品构件，采用钢印码＋二维码标识做好信息记录

同时，在出具各专业施工图和预制加工图的基础上，机房内其他专业管线（母线、风管、桥架、消防管等）也应进行相应的预制加工生产，在递推装配施工环节，根据现场情况及递推装配顺序，完成安装作业。

第16章 BIM 协同施工

16.1 虚拟样板引路

机房建造过程中，为保证施工交底的可视化和便捷性，将虚拟样板上传至 BIM 协同平台，现场借助移动设备就可直接观看，利用粘贴在关键施工部位的现场交底卡进行现场交底。通过创建大量的样板 BIM 模型（图 16.1-1），结合三维渲染技术，编制虚拟样板交底文件和工艺模拟视频，实现虚拟样板对实体样板的取代，在降低成本的同时，利用 BIM 技术使现场技术交底变得更加直观与清晰。

图 16.1-1 虚拟样板引路

16.2　可视化交底

在传统的 CAD 图纸中，复杂部位需要结合多个剖面图才能表达清楚，技术交底容易出现错误。基于 BIM 技术，可以建立复杂部位的三维模型，可多视角清晰地识别复杂部位的结构。

与传统流程相比，应用 BIM 技术将二维图纸转换为可视的三维模型或者视频文件，再对劳务分包商进行技术交底（图 16.2-1～图 16.2-5）。

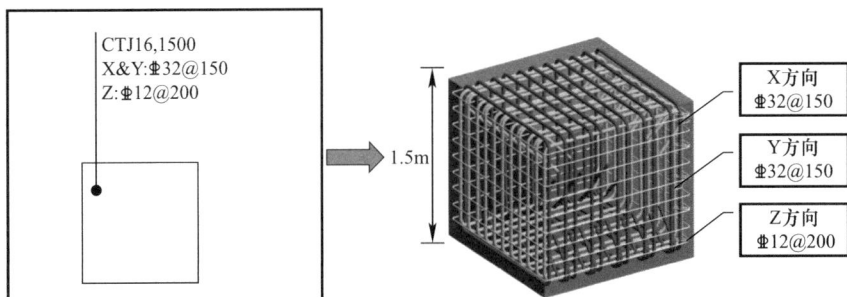

图 16.2-1　BIM 三维可视化交底（承台配筋）

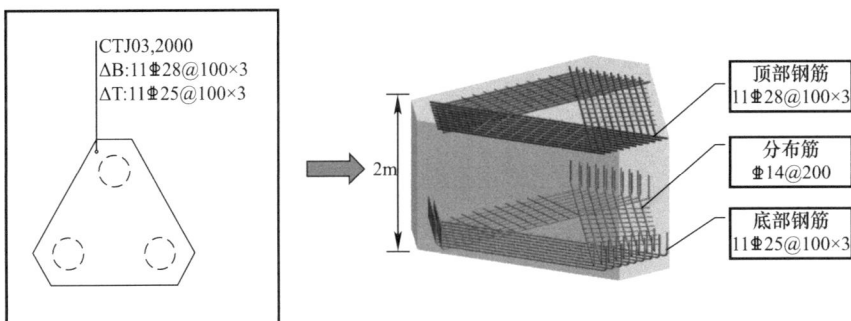

图 16.2-2　BIM 三维可视化交底（承台配筋）

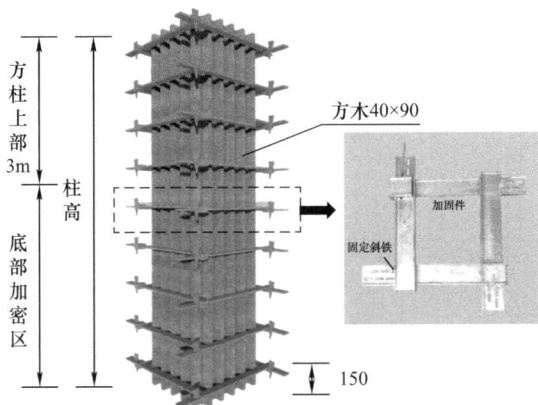

图 16.2-3　BIM 三维可视化交底（柱支模体系）

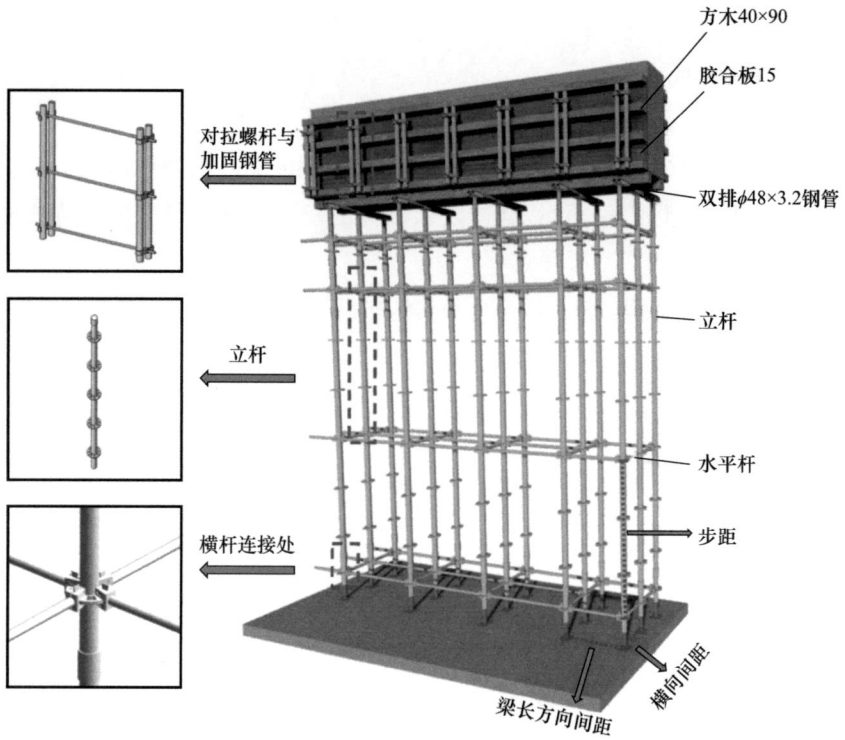

图 16. 2-4 BIM 三维可视化交底（梁支模体系）

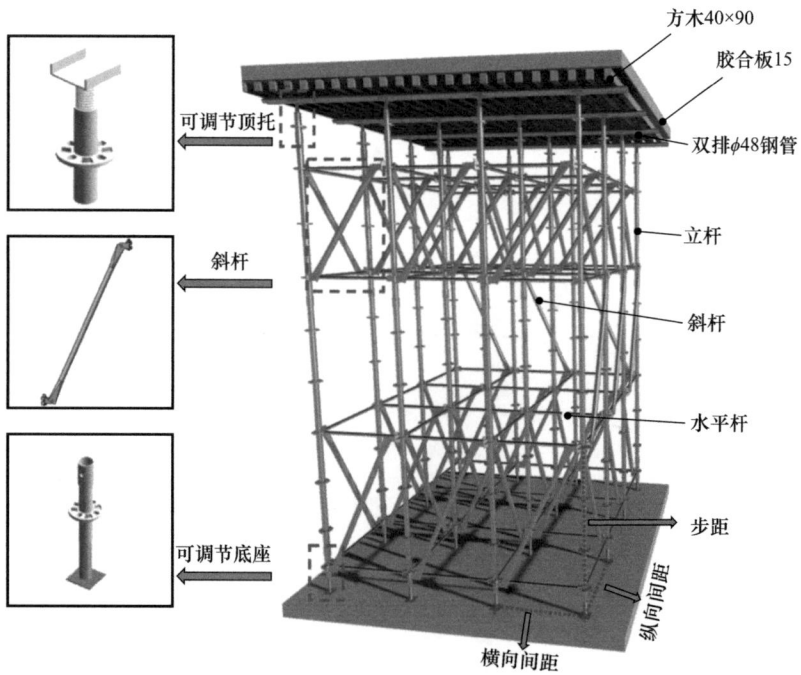

图 16. 2-5 BIM 三维可视化交底（板支模体系）

1. 模型内容

复杂部位的模型细度应达到施工深化设计水平，而其他部位的模型细度按要求达到施工图设计即可。基于 BIM 的复杂部位技术交底模型内容见表 16.2-1。

基于 BIM 的复杂部位技术交底模型内容　　　　　　　　　　　表 16.2-1

模型内容	模型信息	备注
复杂部位	1. 几何尺寸； 2. 定位信息； 3. 如果包含，应有详细配筋模型； 4. 各部分的连接方式； 5. 其他需要的非几何信息	施工深化设计细度

2. 软件方案

土建部分可采用 Revit 建模，导入 FUZOR 中做轻量化处理后再进行技术交底。对于更加复杂部分的技术交底，即便有三维模型，可能由于钢筋过密，导致视图不便，可以进一步做拆分，进行可视化处理，通过 FUZOR 的动画工具做成小视频，导入视频编辑软件，加上配音和字幕，导出为更加直观的视频动画进行交底。

3. 数据交换

采用 Revit 建模，可以直接导入 FUZOR。通过 Revit 的"附加模块"选项卡，点击"FUZOR"工具块，在下拉式选项中点击"FUZOR"导出。经过 FUZOR 处理的文件可保存为 CHE、IFC、EXE 等格式，同时通过视频编辑工具制成的视频可导出 AVI/MP4 格式。

如果采用 Tekla 建模，可直接用 BIMsight 进行技术交底，也可保存为 IFC 格式，导入 FUZOR 进行技术交底。如果某些特殊部位需要使用 Tekla 和 Revit 组合建模，可将 Tekla 建的模型作为一个构件通过 IFC 导入 Revit，由 Revit 导入 FUZOR 或者 Navisworks 中。

4. 应用成果

BIM 在复杂部位技术交底中的应用成果包括三维模型、视频动画以及 BIM 模型生成的二维图纸等。

第 17 章　BIM 集成应用

17.1　施工工艺管理平台

本平台通过运用 BIM 虚拟仿真技术，将多媒体技术、虚拟现实技术与网络通信技术等信息技术进行集成，构建一个与现实世界的物体和环境相同或相似的虚拟教学环境，并通过虚拟环境集成与控制为数众多的实体，构成一个虚拟仿真教学系统，旨在从多感知性、沉浸性、交互性、构想性等方面着手提高员工的技能水平，更有益于指导现场施工（图 17.1-1）。

图 17.1-1　施工工艺管理平台

17.2　算量数据管理平台

利用 Revit 建立模型后直接提取工程量，对装饰构件数量及装饰材料面积、体积提取工程量。同时可基于质量安全、进度计划、构件工程量、清单工程量四个维度进行分区管理，帮助工程部相关工作人员从某些报量或核量产生的手算工作中解放出来，大大提高工作效率（图 17.2-1）。

工程量统计的实施应遵循表 17.2-1 中的规定。BIM 工程量明细见图 17.2-2。

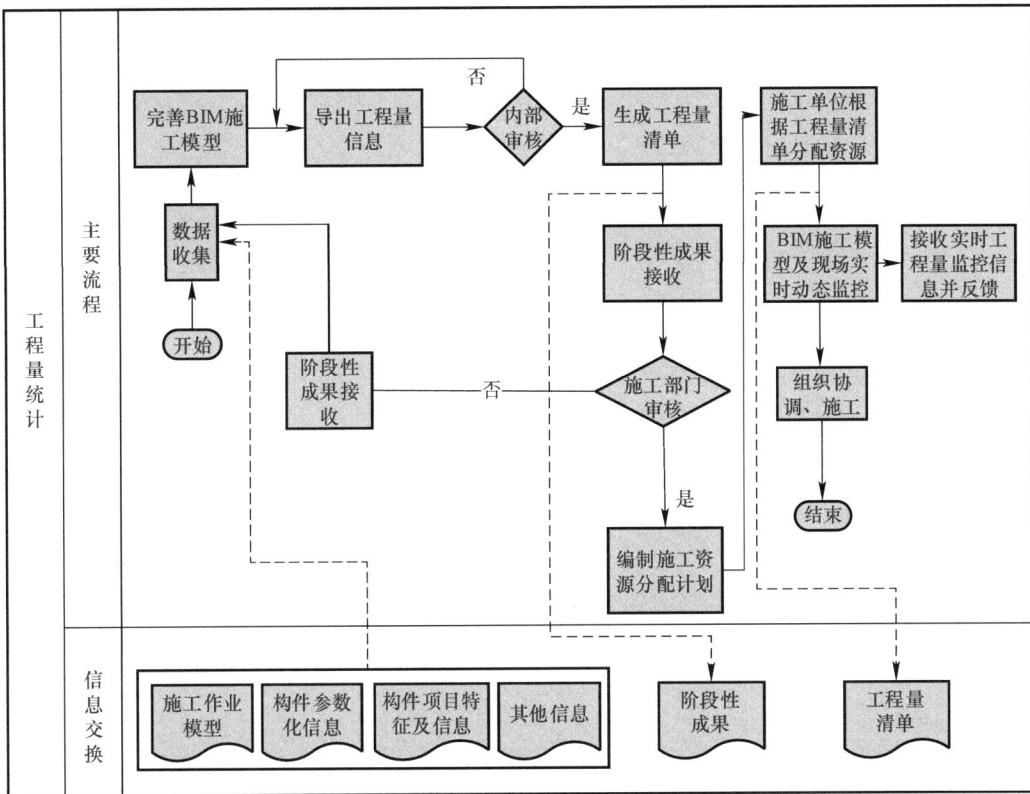

图 17.2-1 工程量统计流程

工程量统计实施规定　　　　　　　　　　　　　　　　　　　　　表 17.2-1

序号	规定内容
1	Revit 内直接统计或利用其他软件（如广联达、鲁班）进行统计两种方式。采用 Revit 内直接统计的关键在于是否严格按照计量规范进行模型建模；广联达、鲁班等国产软件中自带构件扣减规则，适用于常规构件的快速建模，对于软件内未定义的构件，统计上存在困难
2	整理统计出与工程量统计相关的信息参数以及构件特征信息等，添加到施工作业模型中，完善建筑信息模型中的成本信息
3	采用 Revit 内直接统计工程量的方式时，按照方案建议方式进行构件材质命名，建立材质提取明细表，从模型中提取出的工程量信息应满足合同约定中的计量、计价规范要求
4	根据项目工程量清单进行合理的资源分配，并对现场实际发生工程量进行动态监测，同时调整作业模型时实获取成本信息
5	在构件编制信息时宜按流水段进行配置，方便按流水段进行数量控制，尤其是在结构施工阶段
6	利用细部方案，加强对周转材料、埋件等细小材料进行数量控制

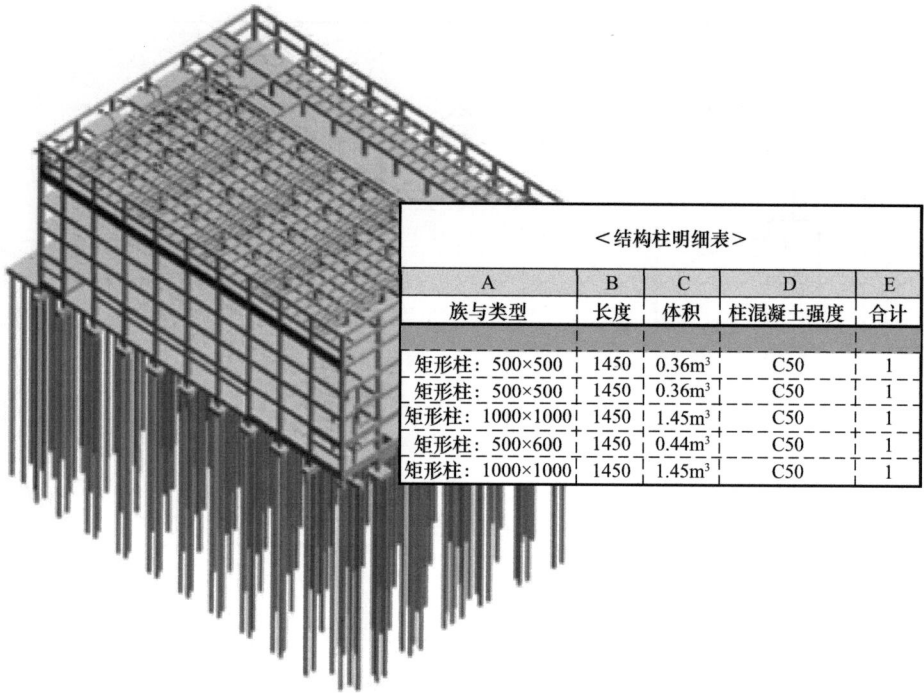

<结构柱明细表>				
A	B	C	D	E
族与类型	长度	体积	柱混凝土强度	合计
矩形柱：500×500	1450	0.36m³	C50	1
矩形柱：500×500	1450	0.36m³	C50	1
矩形柱：1000×1000	1450	1.45m³	C50	1
矩形柱：500×600	1450	0.44m³	C50	1
矩形柱：1000×1000	1450	1.45m³	C50	1

图 17.2-2　BIM 工程量明细

也可通过 Tekla 创建完整的三维模型，利用其一键输出工程量功能，对钢板、型材、栓钉等材料的各个参数进行快速统计，且数据精确，对材料采购规避浪费、有效加工提供了有力保障。同时，也为预算部门控制成本做比对参考，经过量算对比确定最终的工程量（图 17.2-3）。

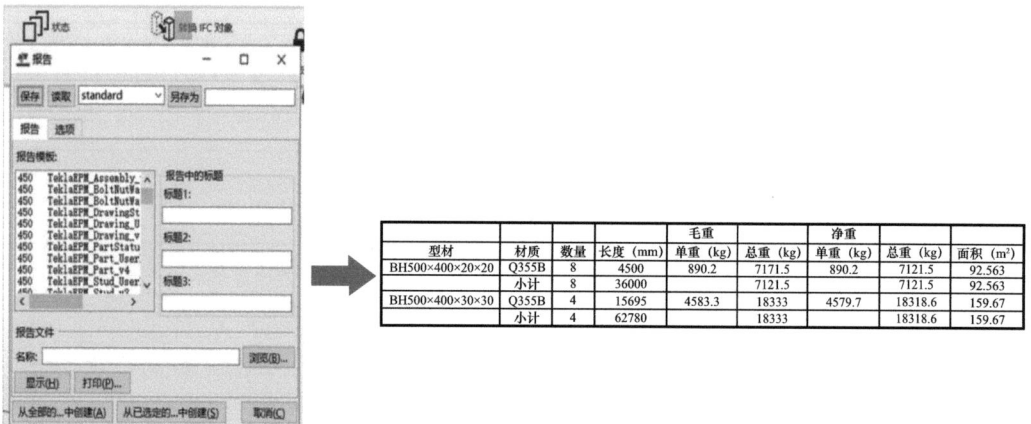

型材	材质	数量	长度（mm）	毛重		净重		
				单重（kg）	总重（kg）	单重（kg）	总重（kg）	面积（m²）
BH500×400×20×20	Q355B	8	4500	890.2	7171.5	890.2	7121.5	92.563
小计		8	36000		7121.5		7121.5	92.563
BH500×400×30×30	Q355B	4	15695	4583.3	18333	4579.7	18318.6	159.67
小计		4	62780		18333		18318.6	159.67

图 17.2-3　Tekla 一键输出工程量功能

第六篇　大型数据机房新技术应用

第18章　屏蔽数据机房施工技术

18.1　概述

如今信息安全越来越受到人们的重视，部分地区人防主管部门在数据机房类项目人防平战转化设计中提出关键部位地下化相关要求，需在人防区设置变压器室、平战结合传输机房、平战结合核心数据机房、人防固定电站、战时使用的人防设施等，并要求除干厕、抗爆隔墙、人防水箱外，平时均应安装到位（包括人防战时进、排风机房、风管、风口、手摇泵等）。通过关键部位地下化人防平战转化设计，确保网络安全、数据安全、设备安全等多层次的保障措施，有效地防范战时恶意攻击和非法入侵，确保企业信息的安全可靠。

18.2　电磁屏蔽原理

通信及机房设备在正常工作时会产生一定强度的电磁波，该电磁波可能会对其他设备产生干扰或被专用设备所接收，窃取其工作内容。屏蔽是指用金属板体（金属网）制成六面体，将电磁波限制在一定的空间范围内，使其场的能量从一面传到另一面，从而受到很大的衰减。

屏蔽室就是利用其屏蔽原理，用金属材料制成一个六面体房间，由于金属板（网）对入射电磁波的吸收损耗、界面反射损耗和板内反射损耗，其电磁波的能量大大减弱，而使屏蔽室产生屏蔽作用。

由于屏蔽室内通常有人员和设备在里面工作，因此屏蔽室六面密闭的同时，必需留有人员及设备进出的屏蔽门，保障良好的通风，满足室内所需的电源及信号的进出要求，以及必备的室内装修，以确保屏蔽室能正常工作。

18.3　屏蔽机房主体

1. Ⅰ级屏蔽壳体

屏蔽壳体的主要研究内容有六面屏蔽材料、材料之间的连接、支撑龙骨。

壳体为六面板体，支承龙骨及壳体与地面之间应做绝缘处理，其中顶、墙、地通常采用厚度为 2～3mm 镀锌钢板。焊接工艺为 CO_2 保护焊。所有钢质材料均经过严格的防锈处理，满足人防地下工程潮湿环境的特殊要求。

2. 壳体结构

屏蔽机房底层是地梁部分，以网架结构焊接成整体，具有一定的刚性，并与地面进行绝缘处理。地梁上面焊接屏蔽壳体其上部墙体和顶部采用槽钢和矩形管组成龙骨层，经科学设计，在屏蔽机房壳体的墙体和顶部不同的部位采用不同的折弯高度来保证各部分强度和刚度的要求，减轻屏蔽壳体重量，更少地占用原建筑的活载荷量。

3. 壳体龙骨

（1）地面龙骨：在地面上先铺设 5mm 的绝缘块（保证屏蔽室的单点接地），其上铺设地梁，地梁采用矩形管制成，地梁间断续焊固定牢固，地梁铺设需平整。

（2）墙面龙骨：主龙骨（竖柱）采用槽钢制成，副龙骨（横档）采用矩形管制成，龙骨间断续焊固定牢固。

（3）顶部龙骨：主龙骨采用槽钢制成，副龙骨采用矩形管制成，将主龙骨两端置于侧龙骨之上，与龙骨间断续焊固定牢固，主副龙骨间断续焊固定牢固。

4. 工艺特点

（1）组成模块均经过折弯成型，以保证焊接变形尽量控制在焊接边上。

（2）焊接工艺采用 CO_2 气体保护焊，从而确保焊缝平整光滑，壳体变形小。

（3）屏蔽壳体及框架稳定可靠，保证其电磁屏蔽性能长期稳定可靠。

（4）整体机械性能达到以下要求：

1）钢板不平度：每个面的任何部位不平度$\leqslant 5mm/2m^2$（每两个平方范围内不超过 5mm），侧面墙对角线$\leqslant 8mm$。

2）钢墙垂直度误差$\leqslant 8mm$。

3）屏蔽壳体抗震指标$\geqslant 8$级。

（5）整体进行防潮防湿处理。

5. 铰链旋转刀插式电磁密封屏蔽门

铰链旋转刀插式屏蔽门配有电动锁紧或手动锁紧机构，门的锁紧为双点斜楔锁紧结构，配有铰链页实现门的旋转运动，内外门板为双层绝缘式结构；采用单刀插入式电磁密封技术，不锈钢复合密封刀，三排可拆卸式铍青铜簧片。

6. 屏蔽门的结构特点

（1）门的刀口采用以铁为基体的镀铜复合刀口，其固有的铁磁性及镀铜后较好的导电性，能兼顾整个频带的屏蔽性能指标。

（2）所采用铍青铜弹簧片经真空热处理后有较好的弹性及耐磨性。刀口与簧片经 3

万次插拔试验，仍能满足使用要求。

（3）刀口及簧片接触部分都为同一种材料，电位差相近，在接触面上不会产生电腐蚀，能长时间保证屏蔽性能，提高了可靠性。

（4）簧片为可拆卸式，每段长度180mm，如局部有损坏极易更换，无需专业人员维修。

（5）门的锁紧为双点斜楔锁紧结构，电动锁紧机构采用进口电机传动谐波减速器减速，具有运行平稳、噪声低的特点。

（6）采用单刀插入式电磁密封技术，复合刀口及可拆卸式铍青铜三排簧片，能有效地形成电磁密封腔，电磁密封可靠。

（7）在屏蔽室断电情况下，电动锁紧门可以在室内实施手动操作开门。

（8）该种形式屏蔽门为典型结构形式，设计工艺均较成熟与配备的门禁系统连接（外面刷卡进，里面按钮出，或用指纹解锁）。

7. 屏蔽机房常用配置：

（1）屏蔽门＋IC卡门禁系统：电动锁紧屏蔽门。

（2）滤波器：

1）电源滤波器：用于机房内一路220V/30A、50Hz供设备等用电。

2）电源滤波器：用于机房内一路市电220V/16A、50Hz插座、照明用电。

3）消防屏蔽处理器：用于消防七氟丙烷气体灭火。

4）温感滤波器：用于防护室一路温感报警信号线的屏蔽处理。

5）烟感滤波器：用于防护室一路烟感报警信号线的屏蔽处理。

6）通风波导窗：用于进风波导窗或回风波导窗并加装相应的排风装置。

7）波导管：用于光纤进出穿入。

8）电话滤波器：用于机房内电话语音信号线的屏蔽处理。

9）光纤收发器：二路超五类线的一进一出屏蔽处理。

10）信号转接板。

18.4　屏蔽机房系统

1. 送风系统、排风系统

对于进入屏蔽机房内的送风及排风系统均应通过波导窗，以保证整体屏蔽指标，为减小风阻系数，增加有效的通风面积，工程中常采用蜂窝形通风波导窗，其工艺特点如下：

（1）全焊接式波导窗的连接强度远远高于浸锡式波导窗，运输装配过程不会影响其质量，确保在各频段中的屏蔽效果。

（2）全焊接式波导窗中蜂窝芯不会因为焊接的热影响而熔化开焊。

（3）全焊接式波导窗不存在浸锡式波导窗因要保证浸锡效果而存在过多的焊锡，其重量远远小于浸锡式。

（4）全焊接式蜂窝波导窗采用高技术焊接法，以确保即使在很小的蜂窝芯情况下也不会堵塞蜂窝孔。

（5）全焊接式蜂窝波导窗采用的焊接材料为高导电和导磁性材料，故屏蔽效果极好。

为保证室内有足够的新风，可通过增加新风波导窗，波导窗与排风扇连接，用于室内空气流通，波导窗由波导片采用波峰焊接工艺组成整件，屏蔽性能稳定。

2. 消防报警系统

吊顶层及地面绝缘地板下需要安装火灾报警装置，常规点装的火灾报警探测器对环境要求比较高，而吊顶内及绝缘地板下灰尘较多，采用普通点装报警探测器容易造成误报，因此从使用功能及使用要求方面考虑，在吊顶及地面绝缘地板下沿被保护电缆桥架方向安装感温电缆，以便有效监测电缆桥架内的工作情况。在屏蔽机房内设置烟感探头，并设备报警系统，确保机房内设备安全。

3. 室内空调通风系统

机房专用空调的任务是保证计算机系统能够连续、稳定地运行，需要排出计算机设备及其他热源所散发的热量，维持机房内部的恒温、恒湿状态，并控制机房内部的空气含尘量。为此，要求机房的空调系统具有供风、加热、加湿、冷却、减湿和空气除尘能力。与普通空调相比，机房专用空调要求高、技术含量高，其不仅可以保证对室内温度的控制，而且可以对控制区域的湿度进行精确的控制。

4. 供电配电系统

（1）根据电源的种类及负荷的大小，分别选用相同容量的电源滤波器引入屏蔽室内。

（2）采用低泄漏电流的电源滤波器，插入衰减能力与屏蔽室综合效能一致。

（3）有电源滤波器应集中安装，滤波器前端不能有过流保护装置，但可设置过载保护装置。

5. 屏蔽壳体接地系统

计算机接地系统是为了消除公共阻抗耦合，防止寄生电容耦合的干扰，保护设备和人身的安全，保证计算机系统稳定可靠运行的重要手段。如果接地与屏蔽正确的结合起来，那么在抗干扰设计上是最简便、最经济而且是效果最显著的一种手段。因此，为了保证计算机系统安全、稳定、可靠地运行，保证设备、人身的安全，针对不同类型计算机的不同要求，应设计出适当形式的接地系统。接地类型一般分为以下几种：

(1) 计算机系统的直流地：接地电阻不大于1Ω。

(2) 交流工作地：接地电阻不大于1Ω。

(3) 安全保护地：接地电阻不大于4Ω。

(4) 防雷保护地：接地电阻不大于10Ω。

设备接地线应和其他导线隔离绝缘，且不能视为计算机之中性线。电源输出之中性线与接地线之间电压应小于1V，不论计算机开启与否，电压值均不得超过1V；接地线与接地极至电源引入间，应配置金属穿线管保护，并妥善固定。

根据计算机系统的要求，建议计算机系统直流逻辑地独立设置，而计算机系统交流工作地、安全保护地、防雷保护地直接接在综合地上。出于安全和滤波的需要，亦为避免因电磁感应而使屏蔽效能下降，屏蔽室一般均应接大地，使之与大地保持同电位。具体措施如下：

(1) 单独接地，接地电阻应≤1Ω。

(2) 屏蔽体上接地螺栓应紧靠电源滤波器。

(3) 屏蔽接地引线应有屏蔽措施，并严禁把接地线和输电线平行敷设。屏蔽接地时接地电缆与接地螺栓连接，接地电阻小于1Ω。

平时传输和战时核心备份系统由传输设备、IP出口设备、算力池设备组成。

传输设备：配置DCI-BOXⅡ型盒式波分设备，内置波分光层设备完成网络组网，根据业务路由走向，可实现单方向80波的400G/200G的mesh ROADM组网，实现各方向节点间业务通信；内置波分电层设备配置OTU板卡，根据业务需求可选择1×400G、1×200G、20×10G等各线带宽的业务板卡，满足业务上下路要求，可配置10个光层或者电层设备，设备扩展性能强。该设备占用一个标准机柜。

IP出口设备：配置出口路由器，通过传输设备上联骨干网，下联算力池设备及IDC交换机，满足业务接入要求，实现大数据节点的对外互通。

算力池设备：配置网络设备、计算服务器设备、存储服务器设备。网络设备实现算力池出口以及内部系统数据交互，采用CLOS/CLOS＋多级多平面正交交换架构。

18.5　工艺配套方案

为提高单位面积利用率，地下室屏蔽机房通常采用高密度机柜进行排布，同时配置电源、空调等系统。机房的平面布局根据承重、消防、散热要求及设备配置需求进行划分。

1. 机柜配套：采用封闭冷通道上走线方式。机柜通常采用600mm（宽）×1200mm

（深）×2200mm（高）的标准机柜规格。走线架包含电源以及通信主走线架、列走线架、尾纤槽道，主走线架单层所承载电缆负荷可达 400kg/m，列走线架承载负荷可达 250～300kg/m，尾纤槽承载负荷可达 50kg/m。

2. 电源系统：通常采用 240V/800A 直流系统，具体包括：1 架交流配电屏、1 架整流机架（配置 500A 整流模块）、1 架直流配电屏、1 架市电直供交流配电屏，2 组 240V/400Ah 蓄电池组，满足总负荷 15min 的后备时间。

人防防护区内需配置变压器及配套高低压柜，平时安装到位，并配置柴油发电机，保障平时使用。

3. 制冷系统：机房空调末端采用风冷房间级空调，弥漫送风。空调室外机平时布置于室外地面绿化区域内，战时割接至人防柴油发电机房室外机防护区域，保障战时空调正常运转。

第 19 章　电源专业新技术

19.1　混合滤波补偿技术

数据中心中 UPS、HVDC、开关电源以及冷冻机组、空调末端、各种泵类等采用变频装置，这些负载具有非线性特性，运行时均会产生谐波，较多的谐波源彼此叠加，形成一定的谐波量，这些足以对电网以及油机系统构成严重的危害，影响数据中心的供电可靠性，增加了电气故障发生的概率。

另外数据中心采用市电直供，服务器 PSU 低负载时的容性特性及谐波直接反馈至电网，可能与电容器一起在电网中形成谐振，并施加到电网中。

混合滤波补偿技术采用动态无源模块与有源滤波（无功发生器）模块的组合，共同承担无功补偿与谐波治理任务。无源模块包括多组偏调谐支路，主要动态调节无功并抑制特征次的负载谐波电流；同时有源滤波补偿模块动态消除谐波。通过有源设置的电流互感器采集系统中的功率及谐波，采用先进的控制算法，分离出系统中的谐波及无功功率，对系统进行功率及谐波快速跟踪补偿。

混联模块式滤波补偿装置是一种集监测电网各项参数、谐波滤除及保护、无功补偿及保护示警等功能于一体的新型无功补偿、谐波滤除装置，在交流 0.4kV（50Hz）低压电力系统中实现在线监测、无功补偿、谐波治理、稳定系统电压等方面应用。

另外可以任意修改无功投切容量，并对目标功率因数进行设置，也可以设置滤波器的输出电流及对系统某次谐波进行滤除，同时也可以进行系统保护，即过电压、过电流等保护。

19.2　I-Busway 机房配电解决技术

关于机房内的配电线路，目前主流的做法是从机房外的配电箱将电源引入每排机柜前端的列头柜，列头柜内安装保护元件以及必要的监测仪表，再由保护元件（断路器）接出电缆，通过桥架引入各个机柜。在实际应用中，上述配电线路方案存在以下问题：

1. 可用性问题：采用电缆方案，从配电箱到机柜的整个线路存在多个接线环节，需要经过剥线、绕接或压接等繁杂的现场作业，质量难以控制，隐患难以发现，长期运行的稳定性、连续性无法得到有效保证。

2. 灵活性问题：一旦服务器、存储设备等核心数据设备进行扩容、电力负荷增加，就必须提高电缆规格或增加电缆数量。若在尺寸、间距要求都非常苛刻的情况下异常困难，大规模扩容已经变得不可能，对电缆进行管理和维护也十分困难。由于线路上存在太多的潜在故障点，一旦出现故障检修工作量非常大。

I-Buswav 方案则提供以母线槽为载体的配电线路，能够动态监测从干线到机柜的电气状态，并实现远程报警与控制功能的智能化系统，取代电缆作为配电线路载体的机房配电解决方案。该方案主要具有以下特点：

（1）采用全冗余的双电源配线结构；

（2）以主次衔接的母线槽取代电缆作为配电线路载体；

（3）来自于两个电源的主母线槽从二级配电柜引出后，直接进入机房，也可以由机房外配电箱引出后进入机房；

（4）干线母线槽上提供大量插接箱，每个插接箱接出一条次级母线槽，为一排机柜供电；

（5）次级母线槽也提供大量的插接箱，每个插接箱为一个机柜提供电源。由于采用双电源配线方案，每个机柜接受来自不同电源的两组插接箱供电；

（6）从配电柜、主母线插接箱到次级母线插接箱，分别装设空气断路器（ACB）、塑壳断路器（MCCB）和单极（或三极）小型断路器（MCB），实现具有全选择性的分级保护；

（7）在塑壳断路器、小型断路器内集成了电气参数监测和通信模块，通过基于 Modbus 或 TCP/IP（传输控制协议/互联网协议）协议的现场总线系统，可以与数据中心的建筑设备管理系统 BMS 无缝对接。

19.3　电源管理系统

I-Buswav 方案具备了从数据分析到故障报警在内的所有功能，能够动态监测从干线到机柜的电气状态，并实现远程报警与控制功能。

干线插接箱采用的断路器具有电气状态数据采集和通信功能，次级母线插接箱内可以安装以 18mm 为基本模数的参数测量模块和通信模块，可以将每个机柜的通断状态、电流、电压等参数实时上传，每条母线上端（可以是配电柜内，也可以是干线母线槽的始端箱内）放置监控点编码和控制单元，多个控制单元通过网关将数据汇集到中央处理单元。

19.4　10kV 市电油机转换开关技术

中压自动转换开关设备是使用两台带机械和电气连锁的真空断路器进行切换，可作为带线路故障保护功能的进线开关和切换转换应用，可自动监控和管理电源状态，准确判断，快速转换，保障设备用电的供电质量和连续性。

中压自动转换开关具有独立的备用自动转换模式，增加断路器运行位置和隔离位置，双位置隔离自动运行方式，切换安全，时间可控。同时，系统在热备用使用模式下最小转换动作时间为 150ms，且具有断路器机械、电气双重连锁，保障两路电源不会合闸于同一回路。此类连锁独立于控制系统，针对任何时候的任何操作可提供直接有效的安全保障。同时，柜体具备五防连锁功能。

转换技术具有以下特点：

1. 自动转换，延时可调，总切换时间固定，易与上下级实现区域切换配合；

2. 时刻监视电源状态，全部自动转换动作，转换及时高效，减少人工操作，降低操作失败的风险，运行人员只需及时查看系统状态，必要时再行人工干预措施，大大减少人员操作步骤，运行人员可以集中调度；

3. 专用的切换系统整体安全性能高，控制系统动作独立完成，所有判断和动作元件不依赖外部设备，减少因外部设备质量、安装和接线带来的故障和问题。

4. 630～2500A 额定电流，最小机构动作时间 150ms，能满足数据中心通信行业所有用户的使用需求；

5. 传统电气连锁的前提下，增加绝对可靠的双断路器机械连锁，真正保障切换安全。机械连锁不仅能在手动模式下连锁，自动运行时仍可靠连锁，且不依赖电气回路，全时机械保障运行安全；

6. 控制系统拥有更加丰富标准的切换方式，可现场选择自投自复/自投不自复，灵活根据需求现场变换切换逻辑；

7. 更加智能的控制系统，丰富的系统状态显示、报警显示和独立的事件记录，为操作人员提供更加专业和标准的巡检规程和操作流程；

8. 双进线独立间隔设计，可保障一路运行一路检修；

9. 具备自动、手动、遥控多种控制方式，且只能选择其中一种，同时保持其他操作无效；

10. 标准油机切换顺序逻辑，负载逐级加载，油机自动启动和停机信号主动发送；

11. 可进行传统的备用电源工作位置分闸的热备用机械/电气连锁快速自动切换，也可为部分客户提供备用电源检修位置机械/电气连锁下的冷备用安全自动切换。

第20章 智慧园区新技术

智慧园区统一管理平台按照"数据共享共用"和"应用即插即用"原则,确保系统与系统间的交互性和开放性。在此基础上,建筑智能化集成应用平台建立标准规范体系与信息安全体系,依托数据交换与共享能力,统一汇聚园区外部全方位数据,打通各环节应用场景,叠加智能化应用,为满足未来信息化的需求,进行充分的架构设计和接口预留,具备完整的南北向接口,具体如下图所示。

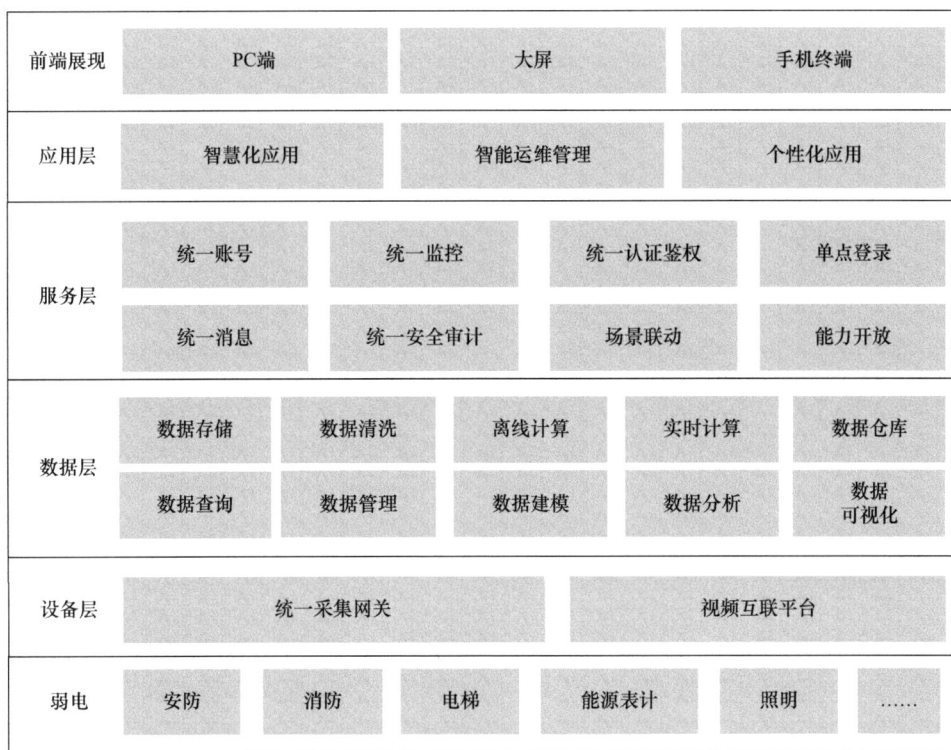

| 前端展现 | PC端 | 大屏 | 手机终端 |

接口预留

智慧园区统一管理平台分为五层架构,分别为前端展现层、应用层、服务层、数据层、设备层。

20.1 感知平台层

感知平台层包含对南向终端设备、各智能化系统的能力对接，以及对视频算法、视图数据分析能力的支撑。统一采集服务园区各种终端的接入，提供设备全生命周期管理及联接管理，并且通过开放 API 接口将能力提供给应用系统调用，实现端到端物联应用业务的对接。视频 AI 服务通过数据交换系统从各个离散的视频信息源获取数据，经过转码、数据比对、清洗、整合、加工等技术手段存入视频数据库，并对视频数据进行在线分析和实时处理。

20.2 数据层

实现对各子系统数据的采集、交换、处理、存储、分析，实现园区各子系统数据共享、互联互通，并借助 GIS＋BIM 实现可视化呈现。通过统一的数据服务接口，为上层应用提供高效、开放、统一的海量数据存储、查询、分析能力。

20.3 服务层

实现对应用层业务能力的组件化封装，为应用层提供业务测算能力，实现各类组件插件式集成及灵活接入。提供各类基础的公共服务，包括统一的账号管理、认证鉴权、单点登录，以及统一的消息管理与安全审计等公共服务。同时，通过微服务治理框架实现能力开放及灵活的业务编排，为上层应用提供公共能力。

20.4 应用层

结合不同的运维、管理需求，开发不同的智慧应用，包括多服务联动的智慧化综合应用场景以及基于融合分析的智能化运维管理，同时可根据园区需求拓展其他个性化应用。

20.5 前端展现层

在 WEB 及 APP 终端实现园区的可视化运维管理，在生产调度中心进行综合可视化展现。平台逻辑架构如图 20.5-1 所示。

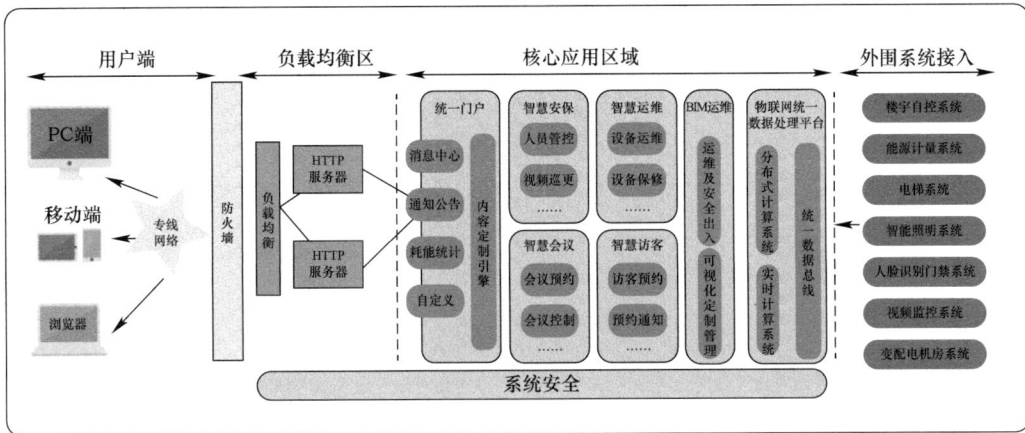

图 20.5-1　平台逻辑架构

20.6　智慧园区平台应用

平台应用层分为智慧化应用、智能运维管理及个性化应用。具体应用场景如下：

1. 智慧安保应用基于人数统计、智能分析、入侵报警等技术，实现视频分析、人员管控、轨迹分析、视频巡查、报警联动、值班管理等安防功能，支持 WEB 端以及 APP 端应用。

2. 智慧应急响应提供应急处置的各类预案管理，并支持多种渠道的事件上报，基于综合的数据分析进行精准调度指挥，实现事前预防、事中处理及事后回溯等业务，全面提升园区的应急处置能力和工作效率。

3. 智慧设备设施运维辅助物业对园区内的设施设备系统进行管理，主要包含设备监控、设备运维、物业报修、园区保洁、能耗管理、资产管理等功能，支持 WEB 端、APP 端应用（图 20.6-1）。

4. 智慧共享会议应用提供可视化显示会议室位置、状态、预订信息等功能，并能联动会议发布系统实现会议预订信息的发布，联动会议控制系统实现会议设备、灯光、空调的提前打开，进入会议状态，支持 WEB 端、APP 端应用（图 20.6-2）。

5. 智慧访客应用将来访人员照片信息、车辆车牌信息录入园区访客数据库（可临时录入），一旦访客到达园区，可联动多系统及设备实现多种自动化应用，如停车识别、人脸识别、欢迎信息、电梯呼叫、会议预约等功能（图 20.6-3）。

图 20.6-1　智慧设备设施运维

1号会议室（座位10个，带投影）					
日期	9:30-10:00	9:30-10:00	9:30-10:00	9:30-10:00	9:30-10:00	9:30-10:00
2022-06-25	使用中	使用中	已预约	已预约	可预约	已预约
2022-06-26	已预约	已预约	已预约	可预约	可预约	可预约
2022-06-27	已预约	已预约	可预约	可预约	已预约	可预约
2022-06-28	可预约	可预约	可预约	已预约	已预约	已预约
2022-06-29	可预约	可预约	可预约	已预约	已预约	已预约

1号会议室 2号会议室 3号会议室 4号会议室 5号会议室 6号会议室 7号会议室 8号会议室 9号会议室 10号会议室 11号会议室

图 20.6-2　智慧共享会议

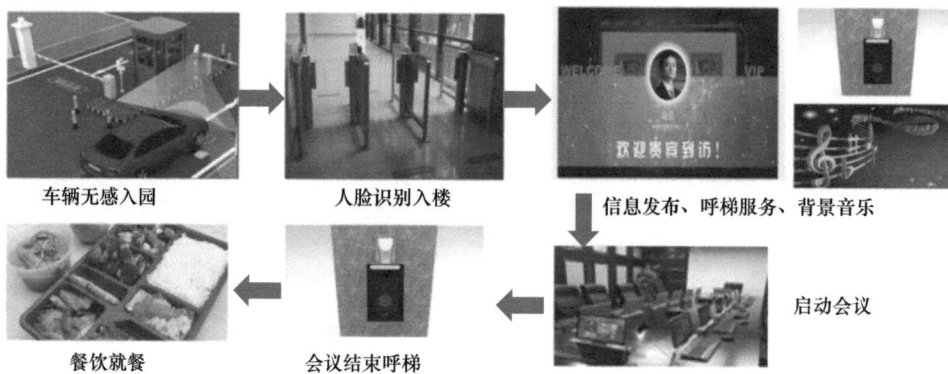

图 20.6-3　智慧访客应用